U0570903

外星生命见证

冯化太◎主编

汕头大学出版社

图书在版编目（CIP）数据

外星生命见证 / 冯化太主编. -- 汕头：汕头大学
出版社，2018.8
　　ISBN 978-7-5658-3687-9

　　Ⅰ．①外… Ⅱ．①冯… Ⅲ．①飞碟－青少年读物
Ⅳ．①V11-49

　　中国版本图书馆CIP数据核字 (2018) 第163991号

外星生命见证　　WAIXING SHENGMING JIANZHENG

主　　编：冯化太
责任编辑：汪艳蕾
责任技编：黄东生
封面设计：大华文苑
出版发行：汕头大学出版社
　　　　　广东省汕头市大学路243号汕头大学校园内　邮政编码：515063
电　　话：0754-82904613
印　　刷：北京一鑫印务有限责任公司
开　　本：690mm×960mm　1/16
印　　张：10
字　　数：126千字
版　　次：2018年8月第1版
印　　次：2018年9月第1次印刷
定　　价：35.80元
ISBN 978-7-5658-3687-9

版权所有，翻版必究
如发现印装质量问题，请与承印厂联系退换

前言
PREFACE

习近平总书记曾指出："科技创新、科学普及是实现创新发展的两翼，要把科学普及放在与科技创新同等重要的位置。没有全民科学素质普遍提高，就难以建立起宏大的高素质创新大军，难以实现科技成果快速转化。"

科学是人类进步的第一推动力，而科学知识的学习则是实现这一推动的必由之路。特别是科学素质决定着人们的思维和行为方式，既是我国实施创新驱动发展战略的重要基础，也是持续提高我国综合国力和实现中华复兴的必要条件。

党的十九大报告指出，我国经济已由高速增长阶段转向高质量发展阶段。在这一大背景下，提升广大人民群众的科学素质、创新本领尤为重要，需要全社会的共同努力。所以，广大人民群众科学素质的提升不仅仅关乎科技创新和经济发展，更是涉及公民精神文化追求的大问题。

科学普及是实现万众创新的基础，基础更宽广更牢固，创新才能具有无限的美好前景。特别是对广大青少年大力加强科学教育，使他们获得科学思想、科学精神、科学态度以及科学方法的熏陶和培养，让他们热爱科学、崇尚科学，自觉投身科学，实现科技创新的接力和传承，是现在科学普及的当务之急。

近年来，虽然我国广大人民群众的科学素质总体水平大有提高，但发展依然不平衡，与世界发达国家相比差距依然较大，这已经成为制约发展的瓶颈之一。为此，我国制定了《全民科学素质行动计划纲要实施方案（2016—2020年）》，要求广大人民群众具备科学素质的比例要超过10%。所以，在提升人民群众科学素质方面，我们还任重道远。

我国已经进入"两个一百年"奋斗目标的历史交汇期，在全面建设社会主义现代化国家的新征程中，需要科学技术来引航。因此，广大人民群众希望拥有更多的科普作品来传播科学知识、传授科学方法和弘扬科学精神，用以营造浓厚的科学文化气氛，让科学普及和科技创新比翼齐飞。

为此，在有关专家和部门指导下，我们特别编辑了这套科普作品。主要针对广大读者的好奇和探索心理，全面介绍了自然世界存在的各种奥秘未解现象和最新探索发现，以及现代最新科技成果、科技发展等内容，具有很强的科学性、前沿性和可读性，能够启迪思考、增加知识和开阔视野，能够激发广大读者关心自然和热爱科学，以及增强探索发现和开拓创新的精神，是全民科普阅读的良师益友。

目 录
CONTENTS

神秘飞行物的发现

不明飞行物简述

　　地球形成于45.5亿年前，它也是经过漫长的岁月才孕育成现在的环境。地球至今所呈现的环境最适合人类生命的成长，例如地球大小适当、含有充分的水分、距离太阳适中和空气的

成分适当，这四项任何一项均不得缺少，由此可知地球在宇宙中是极为珍贵的一颗行星。人类在地球上的文明史，仅数千年而已，与宇宙150亿年的年龄比较，显得极为短暂。

1960年，俄国莫斯科大学天文学教授伟利安那宁诺曾说过，约有1亿以上的星球住着有智能理性的人。近年美国天文学者研究出"德雷克方程式"，估算在银河系内，应有10万到100万个智能文明的星球存在。其中有些行星上的智能人，文明史长于我们，科技超越我们。从有飞碟这一说法以来，在地球上每年发现飞碟的记录至少有上百件，至今统计地球上发现飞碟的案例已超过数万件。根据美国盖洛普民意测验统计，曾目击飞碟的人占全美国人口的9%。外星人和飞碟的经常出现，已是不争的事实，联合国也已正式声明有飞碟的存在。飞碟的出现，对人类的生命产生了相当大的威胁，例如1948年1月7日美国空军上尉曼德尔，受命追逐被大众目击的飞碟，不幸殉职。

从1945年以来，已有100多架飞机、船舰和1000多人，在美国东南方海岸外的百慕达三角失踪，至今没有找到机舰的残骸和罹难者的尸体。

1958年英国连续有7辆卡车连同司机在公路上消失，没有下落。诸如此类惨案，人类自有历史记载以来，多得不胜枚

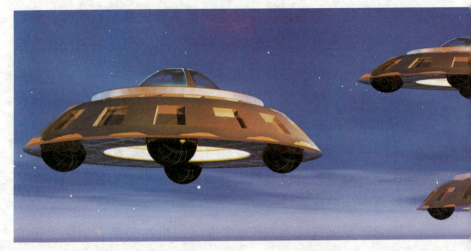

举。因此探究飞碟和外星人的来处，是人类非常重要的课题。

在这些令人眼花缭乱的飞碟中，被发现有超大型的太空母舰，来回于其星球和地球之间，因为降落地球后不易升空，所以到达地球上空时，放出小型飞碟，达成任务后，又随即返航。

但是根据各种天文观测的资料显示，在太阳系的行星和卫星当中，除了地球以外，其他星球均不可能有智能的生命存在。

宇宙中若有外星人，其生存的环境应与地球相似，并且必须居住在恒星系中的行星。

根据天文资料所得，目前与我们太阳系最接近的恒星为半人马座的比邻星，与地球的距离有4.3光年，依照行星探测船"航海家号"的航行速度，需要8万多年才能到达。

在航行速度不能达到光速的限制下，我们所知的宇宙中，其他恒星系的星球，不可能有外星人驾驶飞碟到达地球。在现在的宇宙时空架构和科学知识范畴内，仍然无法解释来去无踪的飞碟，及提供一种强有力的飞碟理论，因此至今科学界总是

否认外星人和飞碟的存在。这种避开涉及外星人和飞碟的驼鸟心态，可能会危及全人类的未来。

飞碟的发现

飞碟就是"不明飞行物"，也曾被称为"幽浮"。飞碟的含义，从广义讲是天空中一切不明原因或无法解释的飞行物，

而狭义仅指外星人的飞行器。1947年，美国人阿诺德发现一组编队飞行的不明物体，并把它形象地比喻为"水上打漂的碟子"，从此，"飞碟"一词不胫而走，成了"UFO"的通俗叫法了。其实，"飞碟"一词并不是阿诺德的创造，人类对于不明飞行物的观察和记载要追溯到很久以前。

飞碟的最早记载

人类对于飞碟的最早记载，保存在一张非常古老的埃及纸莎草纸上，其内容是：

22年冬季第三日6时，生命之宫的抄写员看见天上飞来一个火环，无头，长一杆（约5.5米），宽一杆，无声无息。抄写员惊慌失措，俯伏在地……数日之后，天上出现更多此类事物，其光足以蔽日。

法老站在军中，与士兵静观奇景。晚餐后，火环向南天升腾。法老焚香祷告，祈求平安，并下令将此事记录在生命之宫的史册上，以传后世。

在《圣经》中也记载着飞碟，《圣经》是透过以西结的眼光，描绘了一个不明飞行物体：

随着一阵狂风，一朵包含着闪耀的火的大云飘然而下，它周围有光辉，中间好像是闪光的精金，里面走出四个"活物"（类人生命体）来。

轮的形状和颜色好像水苍玉，四个轮子都是一个样，好像轮中套轮，轮子可以向四方直行，不必转弯，轮轴高而可畏，四个轮轴周围满是眼睛。

"活物"走，轮子也在旁边走；"活物"从地面上升，轮子也上升。后来"灵"将他举起，他听到了轮子旋转震动的轰轰的声音，他被带到一个叫作"提勒西毕"的地方闷坐了7天。

　　在这段文字中，描绘着很多宗教色彩的东西，但是大体上都和现代飞碟案中的关于"宇宙人飞船"、"外星人"、"劫持"等方面的描述一致。

　　据说在1235年9月24日晚，日本的赖常将军及其部队在野营地也曾看见了许多神秘的亮光，在西南方的上空，绕圈子，翻筋斗，摇荡盘旋达数小时之久。

　　将军下令全面调查后，得出了一个滑稽可笑的结论：整个事件完全是自然现象，只不过是风把星星吹得摇摇摆摆罢了。

第一个研究飞碟的人

　　飞碟最早出现的时候，虽然很多人都目睹了，但是从来就没有人问为什么飞碟会出现？第一个正视这些奇异飞行物的，是美国科学奇人查尔斯·福特。

福特并不是什么天文学家或是科学家，他根本没有进过高等学府，他全靠自学并且凭借着坚忍不拔的毅力和敢于怀疑的精神，连续出版了四本书，在美国科学界引起了强烈的反响。

他的第一本书叫《下了地狱的记录》，他把那些被严谨的科学否认和不予承认的观点，称之为被打入地狱的记录。

他宣言，他的使命就是要把它们从地狱中解救出来。福特的著作在美国得到了许多知名人士的确认，还成立了"福特同人会"，他们宣言，只信奉福特主义的原则，决不盲目相信科学结论。

在福特的所有著作中，记录了数百件飞碟现象——虽然他当时并没有使用"飞碟"这个词。

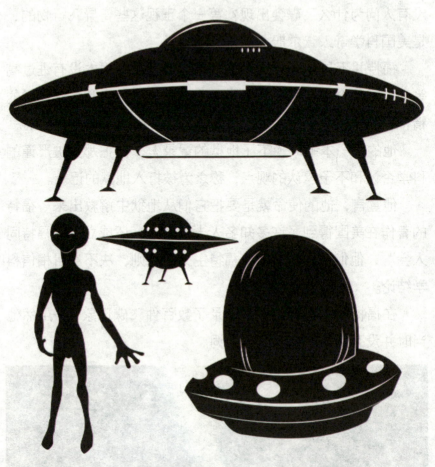

  他专章讨论了雪茄形的飞行物，认为这些鱼雷形的物体，具有超常的威力，它不属于地球，只不过是偶然驶入地球的大气层罢了。他还探讨了圆碟形的不明飞行物。他记录了1870年一个水手在海上目睹的灰色圆盘形飞行物，还记录了1908年英国运输公司许多雇员共同目睹的浅黑色的圆形物体，他们说："这东西比纸鸢大，是有人操纵的，因为它在逆风而行。"

  福特不仅写下了这些不明飞行物，还对这些不明飞行物提出了独特的解释。他认为，这些飞行器很有可能是火星人派来秘密收集有关地球情况的。他还说："我相信有从别的世界来的巨大物体，经常在我们身旁几英里之内飞过，它们丝毫没有同我们接触的企图，就好像定期的货轮驶经许多荒凉的岛屿一样。"

最令人吃惊的假设是：人类只不过是外星高级智慧生物的财产，他们不时地派人员来地球巡视，并且通过安置在地球上的代理人，指挥着人类的一切行为。

福特于1932年去世，他未能看到十几年后的"飞碟狂潮"，但他的许多论点，成了以后反复论述的主题。他的原则成了坚信飞碟的人们的信条：只要还剩下一个飞碟事件不能解释，谁敢断言它不是事实呢？

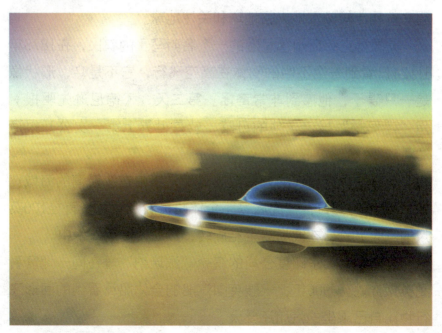

第一个目睹飞碟的人

在19世纪末，人类的科学技术突飞猛进，人们开始发现不明飞行物比较频繁地光临地球和关注地球。

美国得克萨斯州德尼逊的一个名叫马丁的农民，在1878年1月24日看到一个不明的物体在高空飞行，它不是鸟，形状像是一只碟子，他感到非常奇怪。第二天，《德尼逊先驱报》用"碟形物"报道了他的目睹，就是世界上第一次公开报道"飞碟"。

刚开始，被发现的大多数飞碟都是集中在波斯湾的海域：如1879年5月13日，"秃鹰号"全体船员看到了两个直径100英尺的巨大光轮，在波斯湾上空旋转，然后慢慢落入水中。

第二年英国东印度公司的汽轮"派瑞纳"号在同一地区看到类似光轮。1906年，一艘英国汽船的全体船员看到的回形飞行物比自己乘坐的汽船还要大。

1904年，好多船员都看到有三个不明飞行物从高空下降，并且在慢慢地靠近美国的"萨普列号"船，还排成三角形队列飞行，但是在船的上方飞了片刻之后，又向天空升去，消失在遥远的苍穹。

第二次世界大战中指挥过美国太平洋舰队的斯科菲尔德当时是该船的二副，他把目击情况详细汇报给海军部，美国气象局的杂志发表了他的报告。

最有历史意义的目击者

1947年6月24日，阿诺德驾着私人飞机飞临罗切斯山脉附近，目的是寻找几天前在此地失踪的海军陆战队"C-46"型飞机。在海拔4391米的雷尼尔峰附近，他发现了一些闪光发亮的物体。

　　他描述道："看到之后，我顺着光源看去，发现有9个非常耀眼的圆盘状东西。我估计它们的长度为15米左右，构成一列交叉的队形，从我驾驶的飞机前方由北向南飞去，它们一边飞一边在山峦间曲折地穿行。"

　　阿诺德还观察到这些物体是用"一蹦一蹦的、飘忽不定的姿态"跳跃似地前进，并不是飞速地直线前进。并且那个飞碟就像是"水上打漂的碟子"。阿诺德是个有经验的驾驶员，他根据驾驶盘上的秒表，计算出了它们的飞行速度为每小时2700千米，这在当时是一个不可思议的数字。

　　发现这个不明飞行物的不只有阿诺德，还有一个地质勘探人员弗雷德。约翰逊也目睹了这个现象，他回到公司，便激动地描述了当时的情景。

　　第二天，新闻媒介用"飞碟"一词报道了阿诺德的发现，从此"飞碟"便被广大公众接受，成了不明飞行物的同义词了。在飞碟被报道之后，引起了好多人的兴趣，电话铃声如怒潮一般地淹没了美国的各个电台，还有好多人也声称自己目睹过此类物体，绘声绘色的飞碟新闻成了各大报刊的新宠儿。

几个星期之内，"飞碟"这个词遍布了美国的各地，并且迅速扩展到加拿大和澳大利亚。

阿诺德也在一夜之间成了风云人物，他把他所看到的现象写进自己编印的《飞碟目击记》里面。

在这本小册里，他还引入了福特《下了地狱的记录》中的许

多资料，加上自己的整理，搞得有声有色，十分畅销，再加上美国其他作家的推波助澜，一场席卷全球的飞碟狂潮来到了。

拓 展 阅 读

不明飞行物被描述为其他形状例如雪茄型、长方形等的原因可以有两种解释：第一种是视觉上的错觉。不明飞行物真实形状是碟形的，只是从不同的角度看可能是别的形状。第二种是这些不明飞行物纯属自然现象，例如气象气球、云层、飞机、人造卫星等。

闯入美国的神秘飞碟

看起来像倒放的汽车

1964年4月24日，天色已暗，美国新墨西哥州索可罗镇有一辆黑色雪佛兰汽车由北向南急驰。

17时45分，当这辆车以明显超速的速度通过警察局时，被罗尼·查莫拉警员发现，他马上追了上去。

突然，查莫拉的耳际响起了震耳欲聋的声音，在他右前方1000米的天空中出现了明亮的火焰。火焰的形状像个漏斗，顶部的面积是底部的两倍，长度有底部的两倍长。

火焰几乎是静止不动的，一直在缓慢地下降着，而且没有冒烟。查莫拉觉得很奇怪，朝火焰慢慢开过去。

很快，他看到发光体停在河床上，散发着冷冷的光泽，距离大约250米。

看上去很像一部后车厢竖起来的车子。他以为是有人在恶作剧，但马上他就注意到在那辆车的旁边有两个白色的人。

喷火的卵型飞碟

那两个人身材瘦小，看起来像侏儒，全身穿着白色的衣服。就在查莫拉看到他们的同时，其中一个也回头看到了查莫拉，对方也吓了一跳。

当时他还没有仔细看过那两个人，好像下面只有脚。查莫拉一边下急坡，一边跟索可罗警署联络。"索可罗2号呼叫索可罗警署，火药库附近发生交通事故，我要过去调查。"

当他停车时，那两人已经不见了。查莫拉下车朝卵状物走过去，这时听到了关门的声音。每次声音的间隔是一秒或两秒。

距卵状物约30米的时候，突然响起"轰隆隆"的声音。就在这时，他看到物体下方喷出了火焰。火焰宽约0.12米，橙色且没有烟，而火焰碰到地面的地方扬起了尘沙。

查莫拉的误解

听到巨响又看到火焰，查莫拉以为物体快爆炸了，连忙跑开，只是跑的时候仍一直看着那个东西。物体的表面很光滑，像是金属，没有窗户和门。

在中央部分，有一个红色的图形，那是一个半圆形，圆弧朝上，在下面有一条水平线。

这图形的长宽约0.6米至0.7米。查莫拉把车开下丘陵的另一面时，"呜呜"声忽然停止了，只听到"咻"的声音，最后便没了声息，它已经飞走了。

这物体在他面前发出响声和喷出火焰，到消失在山后，只不过数十秒的时间。对查莫拉来说，经历这种恐怖又超出常识范围的不寻常经验，就好像已经过了好长的一段时间一样。

现场留下的痕迹

接到报告的却贝斯巡官很快赶过来了。查莫拉说了事情的经过，却贝斯感到很困惑。

随后，他们两人来到飞碟降落的地点。在那里，他们发现有好几个新痕迹，这证明了刚才发生的事情。

干河床原本是一片草地，可是在物体着陆的地方却有一个圆形的烧焦的痕迹。特别是飞碟的正下方中央部位的草，还冒着烟。而且飞碟着陆时支撑用的脚，也在地面上留下了清楚的痕迹。

着陆时的压痕一共有4个，呈长椭圆形排列，深0.08米至0.1米，宽0.3米至0.5米，是U字形，地面的土壤被压成硬块。另外，在离压痕不远的地方，有4个直径0.1米左右的浅圆形凹洞。

却贝斯查看后，越来越相信查莫拉的话了。因为这些痕迹并不像是偶然或自然形成的。

当查莫拉指着小圆孔说"这是外星人的脚印"时，他连摇头的自信也没有。后来，有其他报告都是说在相同时间、相同地方，看到了查莫拉追踪黑色雪佛兰时所看到的情况。

与飞碟通话的人

对于飞碟是否存在的问题，虽然争议很大，但倾向于确实存在的人占了很大一部分。曾经在月球表面上留下人类第一

个脚印的宇航员阿姆斯特朗，就是否存在飞碟讲了这么一番话："如果你认为不存在的话，那么你在这场打赌中就不会占上风。"

第六个在月球表面留下脚印的米切尔这样谈到飞碟："对UFO我不明白的是它们来自何处。"宇航员塞尔南说："我相信UFO来自宇宙某个角落的文明世界。"

上述这些情况，我们如果不是思维有问题的人，大家都会悟出其中的奥妙。在"阿波罗"登月飞行中，为了保密起见，美国航空航天局使用了一种通话方法，那就是地面飞行控制中心与宇航员约定在一个很长时间里使用秘密频道和密码系统。

在斯坦顿·弗里德曼撰写的《月球宇宙飞船之谜》一书中，透露了地面飞行控制中心与宇航员在目击飞碟时的通话。当时他们之间的通话使用了一种特殊语言，也就是暗语，比如威士忌、威士忌、巴巴拉、巴巴拉、布拉波、布拉波等暗语。恰与西方的一些军事基地代号相同，令人吃惊。

直至今天，美国航空航天局仍未公布宇航员在太空与飞碟遭遇的事件。现在以飞碟现象为主要研究项目的科学家斯坦顿·弗里德曼，曾与"阿波罗"飞船的一位宇航员进行过两个小时的讨论。

他说："我对UFO现象怀有浓厚的兴趣，即使我告诉他，我搞到了4份极难见到的UFO事件记录，可是他还是不愿谈及任何一次亲身经历。"

宇航员们都对飞行过程所见保持沉默，不过在私下里他们微妙地说飞碟是存在的。

飞碟存在的证据

由于与飞船的通话内容让某些业余爱好者给截获了，因此也给月球有飞碟存在做了旁证。

一位来自前美国航空航天局的研究员、现在已成为作家的奥特宾德，他说，有一个不便透露姓名的人士，曾运用高频接收装置捕捉到美国航空航天局与宇航员之间的通话。对话时间达4分至5分钟。

当奥尔德林和阿姆斯特朗在月球表面上采集岩石样品的时候，阿姆斯特朗叫道："这是什么东西，到底是什么？告诉我！"飞行控制中心继续呼叫"阿波罗11号"、"'阿波罗11号'请回答……"

　　"阿波罗11号"乘员报告说："巨大的婴孩，个头之大简直令人不可想象！还有别的宇宙飞船在那里，它们排在环形山对面，看上去在监视我们！"

　　还有一份报告刊载在现代人出版社的《UFO报道》杂志。这份报告系统摘自某家报纸，原报道题目是"智慧的月球人——不解之谜"。这份报告说，当"阿波罗11号"向月球表面上降落并准备着陆时，一些"宇宙飞船"在月球表面上排成了一列，这现象被宇航员们看到了。这个目击过程未能被证实，这意味着什么？

A

月球照片的秘密

　　人类拍摄的第一张月球背面照片，早在20世纪70年代就由美国宇航局公布于世了，然而照片上的秘密直至20世纪80年代才由美国UFO研究者科诺·凯恩奇揭示出来。他通过对月球照片的放大分析，初步认定确有巨大的飞碟和不可思议的人造物体停留在月球表面上。从"阿波罗8号"太空船拍摄的照片上看，飞碟的体积大大超出了地球人的想象，其中一个直径估计在10000米以上，相当于一个小城镇。联系到苏联宇航员，他在20世纪80年代，发现的月球背面有飞碟基地和巨大建筑群的消息，月球的秘密似乎已经显露出来了。

有翼巨型生物

　　1985年7月，苏联太空实验室宇宙飞船的导航员遇到一队天

使。据导航员说，他们一度看到强烈灯光把
他们的太空船完全包围，而那束光线的
来源，"是7个巨型的人形生物，它
们有着翅膀，身上带有薄雾似
的光环"；"它们看来有几十
米高，而两翼张开来，足有一架
'珍宝'飞机那么大"。这些影像
一直跟着宇宙飞船飞了10分钟之久，从
宇宙飞船上拍摄下的一部43秒钟的影
片中，可以清楚地见到它们的
形状。

　　莫纳戈博士研究有关资料后，得出结论说："那些东西毫
无疑问是一种人形生物，不过它们已进化到可以抛弃肉体的
地步。"

　　宇航员的所见所闻也许能证明飞碟存在，但是，还没有得
到大众认可，有待科学家深入研究。

护航者

　　苏联太空研究部曾宣称，美国"发现号"航天飞机在航行
过程中，曾得到两个不明飞行物的护航。

　　据说，"发现号"进入轨道之后，即有两个飞碟尾随其
后，若隐若现。当驾驶员抵达指定空间后，这两个飞碟便隐没
而去，但在"发现号"返航时，两个飞碟又再度出现在飞机
旁，直至"发现号"顺利地进入大气层返回地面。

　　上述所有事实证明，不明飞行物和外星人绝不可能是有人

所说的子虚乌有的事，而是有一定依据的真实的事件。但他们到底来自哪里，科技已经发展到何种程度，还需要我们进一步的研究、探讨。

拓展阅读

土耳其UFO研究中心负责人埃克多甘在伊斯坦布尔出席会议时向媒体透露，土耳其小镇的一位当地居民，使用家用摄像机意外捕捉到了飞碟的画面。画面非常清晰，甚至可以看到飞碟的舱门和独立的天线。

飞碟现身空军基地

发现不明飞行物

1998年10月19日23时，驻河北省沧州空军某部雷达报警：机场上空发现一不明实体，并向东北方向移动。与此同时，机场地面人员也发现了这一实体。

据目击者说，当时机场上空出现了一个亮点，开始像星

星，后来变成了并排两颗星，一颗红，一颗白，两颗星还在不停地旋转。它们渐渐变大，像一个短脚的蘑菇，下面似乎有很多灯，其中一个特别亮，强烈的光柱不停晃动，向地面照射。

战机与飞碟周旋

23时30分，一架歼-6战机奉命出击。飞机升空后，飞行员很快就发现了那个飞行物。

距离越来越近，飞行员看到那怪物的形状，它悬停在前方1500米的高度，样子就像科幻片描述的那样：圆圆的，底平，下面有一排灯，光柱向下照，边上有一红灯，整体形如草帽。

"靠近它！"地面指挥命令，飞行员推动油门向目标扑去，离目标将近4000米时，草帽突然上蹿，飞行员立即拉杆跃升，当飞机上升至3000米时，发现目标飞到了飞机的正上方。

显然，飞行物的上升速度要比飞机快得多。飞机只好放弃了目标，可是那怪物却尾随而来，飞机突然向上直冲，当飞机拉平寻找目标时，目标已上升到高于飞机2000米的上空。

飞行员又继续追赶，可怎样也赶不上，直至飞机油量表指示告警，地面指挥命令飞机返航。当另外两架歼-8战机准备出击时，不明飞行物却已不见了。

频现中国领空

1999年12月12日，在我国台湾省北部地区，当地一位居民拍摄到了不明飞行物的照片。拍摄者称，当时他看到一个火球一样的东西从天空划过，持续了大约5分钟。这个不明飞行物被怀疑是前几天曾在上海出现的飞行物。

1999年12月12日17时左右，北京市昌平区刘村镇西南部的上空，出现了两个不明飞行物体。

中央电视台的记者成功地拍下了这两个不明飞行物体。这两个飞行物与日前出现在上海的飞行物极为相似，两个飞行体

一上一下缓慢向天空的南部移去。

大约20分钟后，飞行物体飞离记者的视线。中央电视台在当天晚上的晚间新闻节目中作了报道。

1999年12月14日17时49分，重庆冯昌仁老人和老伴陪小孩子在屋顶的空地上练毛笔字，突然感到一束亮光一闪，猛然抬头，只见一道强烈亮光正从黄角丫方向迅速掠过来，还带着一个长长的尾巴。这道亮光比平常看到的飞机飞得高一点、快一点，很快飞向了港北方向，大约持续了两分钟。因时间太短，冯先生没有来得及拍下这道奇观。

记者得知后，迅速与驻渝空军某部取得联系，该部称，昨日重庆上空没有任何异常反应。

市气象台也称，昨日天气没有异常变化。

南航专家难以捉摸

1999年末在北京、上海、武汉、长春等地上空频繁出现的飞碟究竟为何物，在社会上引发了各种猜测。南京航空学院飞行器系教授、博导姚卫星说，从空气动力学的角度分析，这个飞碟是飞行器的说法很难站得住脚。

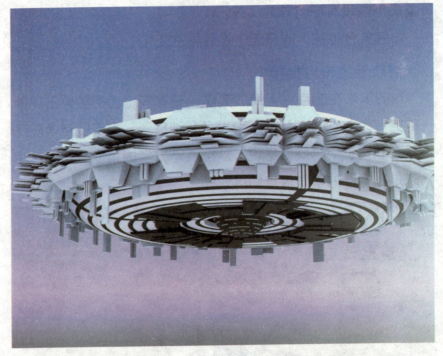

　　首先飞行器要在空中飞行，就要通过一定的飞行速度来形成一个将自身托升在空气中的升力，但是从录像和目击者的描述来看，这个飞碟的飞行速度实在缓慢，无法产生这样大的升力；其次在录像和目击者的描述中，飞碟还会以静止的姿态停留在空中，而尾部的喷发物却冲向上，这在空气动力学中也是不可能的。因为飞行器要静止在空中，开始产生一个垂直向下的动力，那么它的动力面就应在下方，喷发物也是冲向下才对。

　　此外，这个飞碟还会在极短的瞬间以时而缓慢、时而飞快的变速方式飞行，从物理学的加速度上看，飞行器绝对做不到。姚教授认为，所谓的飞碟极有可能是一团在落日光线斜射下、受忽快忽慢风力驱动的云朵，在目击者的眼中产生了错觉而已。

姚教授同时表示，以上的理由都是从目前人类的认知范围来谈，但假如真有地外文明向地球派遣了与我们的动力、操作方式完全不一致的天外来客，这就超出了我们目前对飞行器的理解了。

真是天外来客吗

专家们对此持审慎态度。他们认为，外星人飞行器光临地球，目前只是传说，人类并没有找到可以证明地球外文明存在的证据。紫金山天文台研究员王思潮、上海图书馆副馆长缪其

浩也向记者表达了相同的看法。就目前而言，无论是人造飞行器还是无法证实的天外来物，都尚未对人类构成威胁。缪其浩更进一步表示了对媒体如实报道"不明飞行物"的赞赏。上海天文台承诺，它将从"不明飞行物"的固定轨道和形状作出精确判断，答案将会在不长的时间内揭晓。

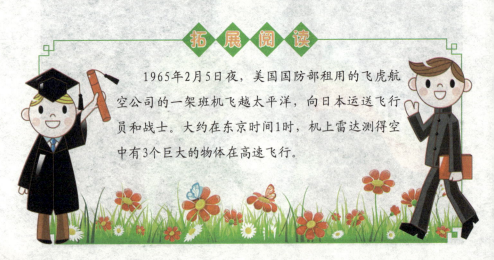

拓 展 阅 读

1965年2月5日夜，美国国防部租用的飞虎航空公司的一架班机飞越太平洋，向日本运送飞行员和战士。大约在东京时间1时，机上雷达测得空中有3个巨大的物体在高速飞行。

宇航员遇到的飞碟

月球上发现飞碟

　　1966年12月21日，由船长弗拉克·鲍曼，驾驶员詹姆斯·拉佩尔和威·恩道达斯3人乘坐的"阿波罗8号"飞船飞向月球，在圣诞节的早晨进入月球轨道，他们成为用肉眼观看月球背面的最早的人类。在离月球表面100千米高处用带望远镜

的照相机拍摄了第一张月球背面照片，这张照片显示出飞碟的降落点。当你看了照片后，一定以为是从人造卫星或飞机上拍摄的地球表面照片。可是，这些景物不是地球上的东西，而是从月球背面拍摄的月球照片的局部放大。在荒凉、贫瘠的月球上看到的这些景物就非同寻常了，那是人类长期争论不休的飞碟存在的实证。

照片的实际意义

这些照片是具权威性的美国宇航局分析的，意味着有非常惊人的地方。照片上被照出的飞碟超出了我们想象的机械观念。因为照片中的飞碟是在不同高度，所以不清楚是否是同一机种。假定是同样大小的话，估计其直径大于10000米，相当于一个城镇那么大。对比照片中仰望飞碟矗立的纺锤形物体，则旁边的飞碟有其10倍那么大。这是来自其他星球超智慧生物的杰作，当然不能用现代人类的技术水平或价值观去衡量它。

飞碟存在的事实

至今，美国当局对飞碟情报仍采取否定态度，但是，不管怎样否定也不会改变飞碟存在的事实。瑞典科学杂志《莱顿》曾报道："苏联宇宙飞船在月球背面发现了飞碟基地和一个城市。苏联的决策者决定不发表这个惊人的发现。"

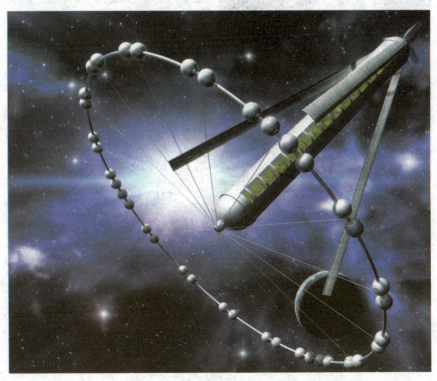

据苏联《宇宙》杂志编辑廉阿普拉哈姆·维里斯博士说："苏联政府决定不正式发表这条消息，是害怕让别国知道。苏联对其他国家不信任，不想让自己的知识被别人知道。"

UFO专家的断定

美国宇航局的照片将20世纪被视为最大的神秘飞碟的真面目公之于众，它为外星文明不久的将来到达地球的近邻，即月球，把人类置于其监视之下，提供了一个明显的证据。有UFO专家曾断定：月球是飞碟基地之一。

宇航员发现飞碟

在月球表面上空或月球表面上有飞碟出现，这绝非偶然事件。因为一而再、再而三发生的事件不是偶然事件。"阿波罗11号"在月球表面上又遇到了飞碟。

1969年7月19日，美国东部时间下午18时，人类第一次登月的前两天。宇航员奥尔德林操纵着登月舱，宇航员阿姆斯特朗一边用0.016米电影摄影机拍摄月球表面，一边听着地面飞

行控制中心发来的关于登月舱着陆时应注意事项的提示。就在
这时，两个飞碟突然出现，其中一个比另一个明显大得多。两
个飞碟向着已进入月球轨道的"阿波罗11号"，从月球表面垂
直升上来。

　　这两个飞碟以惊人的速度到达了与电影摄影机水平的位
置。当时两个飞碟急速改变了方向，迅速飞过"阿波罗11号"
乘员的视野。几秒钟后，这两个飞碟又出现在"阿波罗11号"
的上空并降低高度，阿姆斯特朗将摄影机转动了90度，那两
个飞碟像是愿意被摄入镜头似的，并且悬停不动了。奥尔德

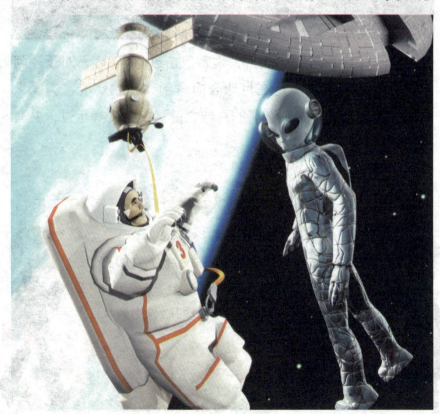

林在"双子座12号"飞船上，也曾目击过4个飞碟，对于"阿波罗"计划中各次飞行在月球表面遇到飞碟的情况，美国人顿·约翰逊曾在《扑朔迷离的月球之谜》中撰文揭示过，并有目击记录。

拓 展 阅 读

人们常将UFO与飞碟等同起来，其实，飞碟仅是UFO的一部分。纵观人们的分析，UFO至少有下列3种：1.不明的自然现象，如宇宙空间的流星体、大气涡流等；2.科技发达国家发射的秘密飞行器；3.外星人的飞船。

科技人员目睹的飞碟

联合考察队的发现

UFO专家认为，目击报告的可信程度，往往与目击者文化素养的高低有很大关系。因此，有必要再列举几个科技人员目睹的案例。

1981年7月24日22时30分，在青海省大柴旦镇考察青藏高原自然景观的我国和联邦德国的联合考察队在观测天气时，德国气象学家特洛尼亚博士和我国科学院兰州冰川冻土研究所的

研究员李烈，以及青海高原生物研究所的研究员黄荣福一起看到了一个发光体。这个发光体呈长筒圆柱状，长15米以上，筒的两端喷射着强烈的光束，光束可见长度约200多米。整个飞行物体被光包围着，从出现在视野到消失长达15分钟之久。

看见螺旋形的烟雾

1977年7月26日晚，著名诗人流沙河正在家中从事翻译，忽听堂妹呼唤他去看户外空中一个不明飞行物体，他急跑出去，远远地看见西北方的天空中有一条发光的螺旋形的烟雾，其形状好像一盘蚊香，中心是一个亮点。烟雾自中心亮点向外做螺旋线引出约3圈后缓缓向西北方向飞去。

当时正在成都出差的云南天文台的张周生也看到了这一奇怪景象。

考察队员的目击报告

这里还应该特别提一下的是新疆地质考察队队员赵子允的目击报告。

　　1965年8月的一天夜晚，他忽然看见一个脸盆大发着蓝光的火球由西向东缓慢飞来。当它飞到卡拉美丽山上空时，呈弹道抛物线往下降落，落到地面时弹起100多米高，复又落下，腾起一片火海，照亮了大片夜空。他们立即测定火球落下的方位，并认为是人造卫星落地时引起的大火。

　　第二天拂晓，赵子允和电报员李太谦按测定的方位追寻，直至20000米以外也未发现有卫星落下的痕迹。当地部队接到

他们的报告后，在附近大面积范围内仔细寻觅，同样没有发现异常情况。值得庆幸的是，他们在卡拉美丽山采集到的天然重砂中淘洗出了宇宙尘埃。但它到底与宇宙星球有关，还是与月球有关，尚需进一步探讨。

月球上的智慧生物

这些年来，在频繁的对月球进行探测的过程中，宇宙探测器对月球的意外发现使人们产生了种种怀疑和推测：月球上当真有生物存在？据《中国科技报》及有关资料报道：

宇宙飞船月球轨道2号在宁静海，即月球上的平原上空49千米高度拍摄到月面上方有方尖石。此事非

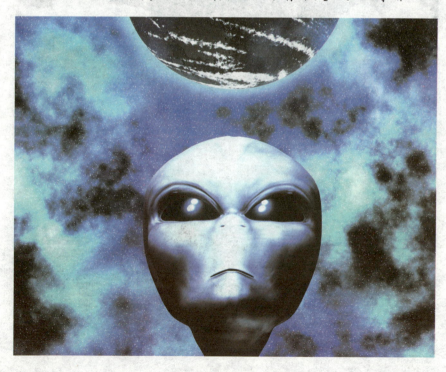

同寻常，需知方尖石是要用钉木楔的方法或使用酸类从岩石中开采的。

美国科学专栏作家桑德森对这些奇石做了仔细研究，他认为方尖石上，许多极其正规的图形线条，不可能都是自然侵蚀的产物。

在美国执行"阿波罗号"登月计划的过程中，宇航员拍下了一些月面环形山的照片。从这些照片上看，环形山上分明留有人工改造过的痕迹。例如，在一座环形山的中心部位，有墙壁及其投影。月球的表面经常有闪光信号发送出来。

　　1969年7月20日，"阿波罗11号"宇宙飞船在进入绕月轨道时，发现一个不明飞行物在月球上空盘旋。"阿波罗11号"飞船在月球火山口着陆时，又发现两个不明飞行物停在火山口边缘的另一侧，然后又飞走了。

　　1990年4月18日，苏联科学家比连诺夫博士和韦狄马·薛比博士，透过强力望远镜无意中在月球表面发现了一个巨大而神秘的人面像。它有轮廓清晰的深陷的椭圆形大眼睛和坚挺的鼻子，头上仿佛戴着头盔。两位专家估计这个人面像至少有50万年的历史。

　　围绕月球出现的一系列文明活动现象，已使科学界中的有识之士警觉到，地外智能力量正在利用月球，但这一切，毕竟还只是一种推测。但这是哪里来的高智生命，是月球本土居民，还是外星移民？是生活在月球表面，还是生活在月球内部？月球上真有外星人？

"阿波罗8号"的发现

"阿波罗8号"进行了首次载人月球轨道飞行，这次飞行是在1968年12月21日至27日进行的。当他们一边绕着月球，一边观察未来的着陆地点时，发生了事前未曾料到的情况：

他们沿着月球轨道飞至月球背面时，空中出现了一个巨大的地外飞碟物体。他们成功地将其摄入镜头，该物体直径有16000米。当他们再次飞至月球背面，准备再拍下一些照片，但是那个庞然大物已经消失了。这个巨大物体居然是突然消失的，因为在宇航员们当时拍摄的照片上没有留下什么物体正在着陆的

迹象，也许它隐入了月球内部的地下基地？谁也不知道它的去向，真是桩怪事。

那个物体究竟是什么呢？宇航员们纷纷猜测。是处在月球内部的月球基地中的外星人建造的，还是前来牵制"阿波罗8号"的来自其他星球的宇宙飞船呢？

太空目击飞碟现象，早在"双子座"飞船在太空中飞行时就见到过，甚至连《康顿报告书》也无法确切解释"双子座"飞船的宇航员所目击到的情况，发表了一种模棱两可的说法，即来历不明的飞行物体。

阿波罗10号的遭遇

"阿波罗10号"的乘员是塞尔南、斯塔福德、约翰·扬3

人，他们首次进行登月舱的试验。他们的任务是进行人类实际登月之外的所有试验。他们乘登月舱下降到距离月球表面14.3千米处，拍摄了"阿波罗11号"着陆位置，在脱离指令舱8小时以后再实行会接。正如宇航员们所说，最困难的使命是全面试验登月舱，找到"阿波罗11号"准备着陆的地点。

　　"阿波罗10号"在月球表面飞行时，偶遇UFO的过程是这样的：1969年5月22日，在登月舱得到指令后下降到距月面还有72000米时，突然一个飞碟垂直上升，向"阿波罗10号"登月舱致意。"阿波罗10号"的乘员们不仅目击了与这个UFO遭遇的过程，还来得及将其收入0.016米电影摄影机的镜头，并拍下了几张照片，但是这些资料从未公之于众。

其他"阿波罗"飞船的奇遇

"阿波罗12号"等飞船的宇航员的目击记录如下：

"阿波罗12号"在距月球还有一半路程的时候，乘员们目击到3个UFO。当时宇航员报告说，他们与地面飞行控制中心的通话，被类似消防车鸣笛的声音所打断。

"阿波罗12号"在返回地球、降落太平洋之前又看到一个UFO；

　　"阿波罗15号"的宇航员斯科特和欧文看到月球上空一闪而过的飞行物体；

　　"阿波罗16号"在月球轨道上飞行时，宇航员马丁利看到一个发光物横穿过月球上空，2至3秒钟后，在月球的地平线上消失。

　　"阿波罗17号"的宇航员伊文思和施密特目击到两个飞碟，他们两人是首次登月的科学家。

　　美国的科学家法尔克·埃尔·巴斯说："宇航员目击到的这种发光物肯定是UFO。不管怎样，据我们所知，还没有以如此高速飞行的飞机。无论在月球表面还是月球上空，世界上都没有那种飞行物。"

拓 展 阅 读

　　中国是世界上最早记录下不明飞行物现象的国家之一，除了民间的传说外，在古籍中也有大量记载，从20世纪的80年代开始，在我国西部新藏不断有人目击到不明飞行物，有研究者试图论证茫茫戈壁之中，可能隐藏着外星人的UFO的基地。

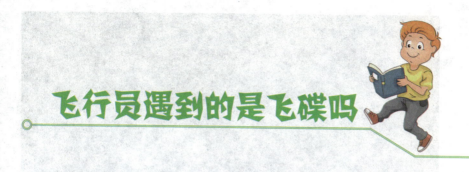

飞行员遇到的是飞碟吗

飞行员与飞碟相遇

1982年6月18日夜晚，空军航空兵某部组织跨昼夜飞行训练，飞行员刘某驾驶某型高速歼击机航行。

　　22时6分50秒，距离商都10000米左右，飞行员刘某在无线电罗盘指示的方位上，发现地平线上一个明亮的物体似出非出，很快形成一道橘黄色的光束，逐渐上升变亮。

　　约30秒钟后光束消失，遂出现一个橘黄色的球状体，如同农历十五的月亮。

　　10秒钟后，这个球体向飞行员刘某高速旋转而来。在旋转飞行过程中，产生出一圈一圈的光环，呈现波纹状，能够明显地分辨出橘黄、浅绿和乳白三种光色。

　　光环的中心还呈现出火焰，像点燃的火药。光环中心的橘黄体发生了像手榴弹爆炸一样的变化，继而出现了一个半圆状体。这个半圆状体急剧膨胀，瞬间悬浮在空中。

整个物体呈乳白色，中间深，周围浅，边沿清晰明亮，底部模糊。右下方有一条不规则的竖长形物，约2米长，颜色近似于绿，十分明显，刘某在7000米的高度上略微仰视才能看到顶端。为了避开这个物体，他升高3000米，依然未能奏效，最后被迫返航。

返航后的奇迹

返航飞行5分钟后，物体中那个竖着的长条形突然消失，消失的位置马上出现空白。

紧接着几块不规则的黑影从飞机旁掠过。约10秒钟，那个消失的长形块又在原来的空白位置上出现。当飞机返抵离机场40000米时，无线电罗盘指示和无线电联络恢复正常。飞机22时36分安全着陆。

　　在与不明飞行物相遇的过程中，空中另外4架飞机上的6名飞行员也分别在张北和怀安等地上空目击不明飞行物，无线电联络也都程度不同地受到干扰。

　　由于他们飞行科目与刘某不同，不允许分散精力，因而未能看到不明飞行物发展变化的全过程。

乳白色的物体

　　据机场地面目击者陈述，22时10分，一个形似闹钟罩的乳白色物体在张北以北上空出现，接着就像气球充气一样，有节奏地、波浪式地向周围递增扩展，扩展的速度比氢弹爆炸时升起的蘑菇云还要迅速猛烈，一会儿的工夫就像一座大雪山矗立在空中，仰视才能看到顶端。

整个物体呈现乳白色，并且有光泽，边缘清晰明亮。肉眼观察，空中面积西起张北，东至崇礼，距离在15000米以外。

后来整个物体由浓变淡，透光，22时30分基本消失，地面雷达站才失去了目标。

空中另外4架飞机上6名飞行员和地面人员，目击的情形与

飞行员目击刘某的时间、形状、光色、运动情况、可见条件和
视直径等基本吻合。这个乳白色物体也许就是一个飞碟。

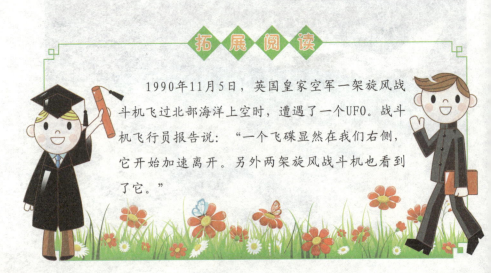

拓展阅读

　　1990年11月5日，英国皇家空军一架旋风战
斗机飞过北部海洋上空时，遭遇了一个UFO。战斗
机飞行员报告说："一个飞碟显然在我们右侧，
它开始加速离开。另外两架旋风战斗机也看到
了它。"

飞机失事是飞碟所为吗

飞机神秘消失

1953年11月23日，美国飞行员菲力克斯少校和雷达员威尔杰少校接到空军防卫指挥部的命令，从罗斯空军基地起飞去追踪苏必利尔湖上空被雷达发现的一个不明飞行物。他们驾驶一架F-89C喷气式战斗机由地面导航径直飞向那个物体。

地面指挥员在显示屏幕上看到飞机接近了那个飞碟，在屏幕上飞机和飞碟的信号都很清晰，可是突然飞机和飞碟都从屏

幕上消失了。从此，再也没见到那架飞机和听见机上的驾驶员发来的信号，搜索也毫无结果。

飞碟时隐时现

1956年8月13日9时30分，空军雷达员本特·沃特斯看到一个物体正以每小时5000千米的高速掠过屏幕，接着又发现一组物体追踪着它到了海上，它们似乎成串地进入了这个静止的大物体之中，然后一起消失了。

莱肯黑斯站的人也在屏幕上清晰地看到了这个物体。他们发现，这个物体疯狂地改变方向，不停顿地以锐角飞翔，从静止状态突然以极快的速度行驶，其飞行性能简直令人迷惑不解。

两架喷气式战斗机起飞前往拦截，但升空后却没有发现飞碟的任何踪迹，只得返航。然后一架装备了雷达的维诺姆单座战斗机从海滨起飞，这架战斗机升空后，却发现那个飞碟静止不动，清晰可见，高度为4500米至8500米。

飞行员开动了雷达和炮锁，还没来得及有所行动，突然发现飞碟失踪了。飞碟突然出现在飞行员的后面，这个飞碟以"之"字形变换着位置，其速度之快以致雷达都跟不上。一会儿，它在战斗机后面，分解成两个不同的单元，一个挨着一个，紧紧锁住了那架战斗机。

机组人员发现飞碟

1978年10月18日，劳伦斯·科因中尉和3名机组人员，驾驶一架美国空军直升机从俄亥俄州的哥伦布飞往克里夫兰。40分钟后，他们飞抵曼斯菲尔德上空，高度为750米。

这时，一名机组人员发现一个闪着红光的物体正高速从东部靠近飞机。科因中尉立即将飞机下降至510米以避免相撞。在离飞机大约150米时，这个不明飞行物突然停了下来。

　　科因中尉注意到这是一艘巨大的灰色金属飞船，大约有18米长，形状像流线型的扁雪茄。它前部边缘闪烁着红光，后部闪着绿灯，中间有圆盖。一盏绿灯突然旋转起来，绿色灯光照亮了直升机的座舱。

　　科因赶紧用无线电发出SOS信号，但无线电装置莫名其妙突然失灵，既不能发送信号，也不能接收信号。

　　后来他检查了一下仪器盘和仪表盘，发现这架直升机正在升入高空。

　　最后，机组人员感觉到了一下轻微的弹跳，那个UFO向西北呈"之"字形飞去。7分钟后，直升机上的无线电装置又自动恢复正常状态。

不明飞行物的威胁

飞碟使无线电装置莫名其妙突然失灵这种事件，后来的许多目击报告也谈到了这一点。

1957年，美国空军的研究人员发现，不明飞行物是通过某种受控电磁波来干扰我们的电路的。汽车灭火、引擎停转、飞机导航仪及无线电通讯受干扰，这些现象十分危险，特别对正在航行中的飞机来说必然是凶多吉少。

协和飞机顺利飞行

1978年10月21日18时19分，天空晴朗，景色宜人。从澳大利亚墨尔本附近的莫拉丙机场，一架"协和"飞机飞往一片暮色的天空，其目的地是金格岛。"协和"飞机预定在此岛上装满海产货物，然后返回莫拉丙机场。

　　飞离了莫拉丙机场的飞行员布连地往目的地前进时，看见在西南方出现一个像是发光的气球般的东西，到了渥太威岬仍能看到它的踪影。19时，布连地向墨尔本的控制塔说"通过渥太威岬"。在渥太威岬的海面上，机首面向南方一直前进，过28分钟后就该到金格岛了。

　　天气状况良好、视线清晰，一切都依飞行计划顺利进行。

协和飞机遭戏弄

　　布连地唯一感到有点异常的是，在通过渥太威岬岭瞬间的那一刻。19时6分，他向墨尔本控制塔询问："高空150米以下的空中，有无其他飞机？"

　　控制塔回答他："依飞行航程表上记载没有。"

　　可是，布连地却看见"协和"飞机的上方有一架巨大的飞机，这架巨大的飞机一旦超越过了"协和"飞机，又会马上折回来再度越过"协和"飞机的上方，而且像是在戏弄"协和"飞机似地，一次、二次、三次，不停地反复着。

"难道是要追踪我吗？"布连地有点厌烦地喃喃自语。

协和飞机的失踪

墨尔本的控制塔要布连地确认清楚纠缠"协和"飞机的机体，于是布连地报告说："这不是一般的飞机！"接着又说，"形状是细长形，可以看到绿色的灯光，机体似乎是金属做

的，外侧闪闪发亮。"

之后，控制塔失去了布连地的音讯。

19时12分，控制塔收到布连地用惨叫的声音说："这家伙在我上面！"之后，又叫一声"墨尔本控制塔……"接着，通讯就中断了。

控制塔的无线电里，在这最后一句话断了的17秒钟内，听到一阵"卡咯卡咯"阴森可怕的金属声，然后又迅速被一片静寂笼罩。此时是19时12分48秒，布连地就在金格岛的正前方不远处失踪了。

澳洲军方的搜索

接到"协和"飞机罹难的消息，澳大利亚的军方马上出动，在空中及海面上展开搜索行动，可是飞行员和"协和"飞机的踪影都没被发现。

而且在事发后4天，仍未发现机体的残骸或任何的遗留物，这事便成了难解的谜题，而搜索工作也就此打住了。

布连地和"协和"飞机一起在渥太威岬的海面上，被擦掉抹去似地消失了。

事情的成因

这件意外事件，在刚开始的时候，仅以普通的飞机失事处理。

否定飞碟存在的澳大利亚政府发表了这样的谈话："在事件当时，因'协和'飞机翻转飞行，所以将映在海面上的城市

的灯光，误认为飞行物体，才坠落到海里。"

　　事实上，这件事的开端之前，在澳洲不断有人看见飞碟，而在那一天到达了高峰。在布连地失去音讯的那一刻钟，有好几个人看到了发出绿色光的飞碟。

　　布连地果真是和"协和"飞机一起被飞碟俘虏去了吗？不留下任何蛛丝马迹而消失了的协和飞机的真相，完全打消了坠落和爆炸的说法。或许这就是飞碟的神秘所在。

飞机失事事件

　　遭遇飞碟而失事的飞机事件也时有发生。最有名的是1984年的P-51式飞机。机长托马斯·曼特尔奉命驾驶着P-51式飞机追赶一个飞碟，突然"轰"的一声，飞机奇异地爆炸了，曼特尔也被炸死了。

　　此事异常神秘，但曼特尔死于追赶飞碟途中，这是千真万确的事实。地面人员证实说，他们亲眼看见曳光弹从飞碟中射出，击中了P—51式飞机。

　　惊人的飞碟事件接二连三地发生。下面是印度的一个案例：那是1953年5月2日的一天，一架彗星式喷气机从加尔各答的达姆机场起飞，刚飞行5分钟，该机便坠毁于地，一片熊熊烈火将机上43名乘客全部烧成灰烬。

　　几个月之后，英国航空专家沃克博士于1954年1月20日在法恩巴勒向报界宣布，从机身和机舱的内外状况可能断定，"飞机是被某个巨大的物体撞歪后解体而坠落地面的"。

　　飞碟击毁飞机的事件层出不穷，令人生畏，它们这样做的真正目的至今仍是个谜，只有在飞碟之谜解开之时，地球人才能真正了解其意图。

拓 展 阅 读

　　1991年3月18日傍晚6时13分至26分；上海飞往济南的3556航班飞机起飞后，空遇火球状的不明飞行物，这个火球随后变成一溜火球，接着变成黑色鱼状拉烟UFO，运次UFO飞行方向、速度高度不断变化，与3556航班飞机时远时近。

飞碟坠毁市郊是真的吗

飞碟坠毁市郊

1948年3月25日,美国新墨西哥州的奥德克市郊上空,突然出现一个银光闪闪的圆盘形飞碟。奇怪的是它在空中抖动了两下后就坠落下来,最后坠毁在该市东北19千米处。

当时,处于不同位置的3个雷达站同时发现了它,并一直跟踪,它最终消失在雷达屏幕上。

军事雷达站的值班员借助三角测量法很快测定出了它的坠毁地点。

联合调查组的发现

为了更好地研究飞碟，有关部门成立了联合调查组。调查组就在奥德克东北19千米处发现了那个坠毁的飞碟。一个直径30多米的银白色金属圆盘半倾斜地躺在一片荒野上。

调查人员对飞碟外壳采用化学方法、物理方法以及激光技术和显微摄影法进行研究，得到了一个惊人的发现：飞碟外壳是用类似铝一样的高熔点轻金属制成的，它轻如塑料，但比金刚石还要硬，表面十分坚固，即便用金刚石钻头也无法穿孔，能耐受住10000℃的高温。

进一步分析还发现，构成飞碟外壳的金属是由30多种元素组成的，在我们地球目前的实验室条件下，还制造不出来。

飞碟的结构特点

研究发现，这是一个平心轮式飞碟，它的金属环围绕着一个平稳的中心舱室旋转。它上面没有一颗铆钉、螺栓和螺母，甚至连一点焊接的痕迹也没有。这个飞碟坠毁时虽未发生爆炸，但已完全没有用。调查人员仔细研究后发现，飞碟上有自动驾驶仪的装备，它是由许多部件组合而成的，这些部件安装在凹槽中，密集地彼此相连并与飞碟主体联结着。飞碟舱室的

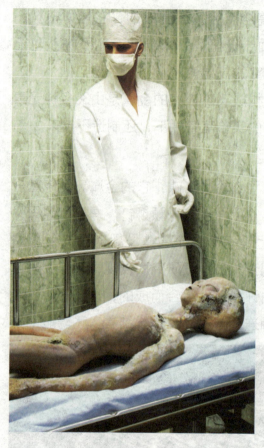

直径为5.5米，它位于飞碟主体的上部，周围是与舱室中的驱动装置相连接的传动机械。

14具外星人尸体

调查人员在飞碟内共发现14具类人生物的尸体，他们的身高约0.9米至1.05米。由于飞碟坠毁时的强大惯力，有两个飞碟人被重重地摔到仪表盘上，他们的尸体被烧成深褐色。

其余的12具尸体都两臂大张地躺在舱室的地板上。

3天后，坠毁的飞碟连同外星人尸体被秘密运到达洛斯阿拉莫斯的一个海军备用机场。在那个机场放了一年多，后来又被转运到另一个秘密军事基地。

研究人员的结果

研究人员仔细研究发现：他们的面部特征很像蒙古族人种，大脑壳，额头又高又宽，下颏小些，但稍微有点突出；头发长而光亮；大眼睛翘向太阳穴；鼻子和嘴很小，嘴唇很薄；

躯干瘦小，颈部很细；手臂瘦长，可垂至膝盖，手指间还长着蹼；脚扁平，脚趾很小。平均体重只有18000克。

这些外星人没有消化系统和胃肠道，没有直肠和肛门，也没有发现生殖器官。

美国细胞遗传学家进行了细胞组蛋白的称重实验。在第一次实验中，外星人细胞组蛋白的重量小得惊人，比我们地球人的小许多。他们又进行了一次实验，可结果和前一次一样。科

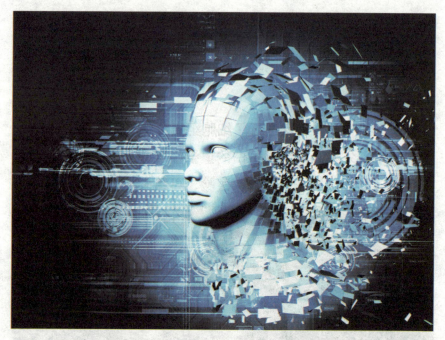

学家们认为，遗传学理论正面临一场新的挑战，需要重新加以研究和确立。

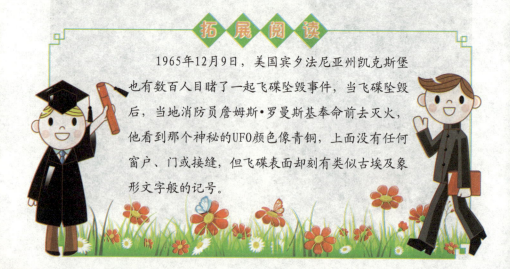

拓 展 阅 读

1965年12月9日，美国宾夕法尼亚州凯克斯堡也有数百人目睹了一起飞碟坠毁事件，当飞碟坠毁后，当地消防员詹姆斯·罗曼斯基奉命前去灭火，他看到那个神秘的UFO颜色像青铜，上面没有任何窗户、门或接缝，但飞碟表面却刻有类似古埃及象形文字般的记号。

飞碟是在戏弄空军吗

飞碟拦截飞机

1982年4月13日5时15分，西班牙正利阿里群岛的桑塔尼军事基地上空，出现了6个盘状飞碟。开始，从空中旋转着降下一个直径约一米的盘状物，它悬浮在一架正在装货的飞机尾部上方。像一只倒扣的菜碟，上部发光，下部较暗，毫无声息，没过多长时间，又向高空飞去，与另外5个盘状飞行物会合，

去拦截一架正在航行的大型运输机。

　　这时，基地雷达测得6个飞碟的反射回波，看见它们摆成"八"字形挡在运输机的前方。指挥中心派一架战斗机紧急升空，试图驱散正编队飞行的不明物体。战斗机升空之后，那6个飞碟仍然边退边拦，并随运输机的速度变化或快或慢。战斗机快靠近运输机时，那6个飞碟突然会合到一起，好像合成了一个整体，转眼间就快速离去，消失得无影无踪了。

飞碟多次戏弄飞机

　　据调查，飞碟戏弄飞机的事件不仅在地中海附近的上空出现过，在英国和韩国等其他国家也发生过类似事件，英国皇家空军多次被飞碟戏弄。这说明飞碟的飞行机动性能大大超过了地球人的战斗机，自然就更优于普通客机和货机，飞碟的优良特性、自卫能力和攻击能力也比地球人的飞机强得多。

以前，凡是攻击飞碟的飞机几乎都是无功而返或机毁人亡。因此，有的科学家提议，千万不要向飞碟挑衅。

飞碟为何与飞机对峙

一些目击者提供了很多可靠的证据，都证明了飞碟对无线电、飞机上的仪器、家用电器、电视、汽车有影响，还会造成城市大规模停电事故。

1974年的一天，朝鲜半岛滨城海域浓雾迷漫，茫茫一片。陆地上的空军部队严密监视着海空，一枚枚隼式导弹耸立在发

射架上，随时准备点火发射。

10时，空军基地的雷达收到了一个陌生的无线电信号。一个幽灵般的物体从大海上空迅速飞来，闯进了滨城海岸的警戒系统。监视海岸的军人们立即发现，浓雾里有一个十分庞大的黑影。

稍过片刻，大家清楚地看到，那是一个金属盘状物，呈椭圆形，直径约100米，高度在10米以上。它燃烧着，浑身火一样的红。它发出红、绿色光线，并且急速地做逆时针方向旋转，突然，这巨大的飞行物停止了移动。它既不是导弹，也不是普通飞机。它上面没有任何标记，而且已经飞到了一个危险极大的区域。基地指挥部断定，这是一架怀有敌意的飞行器。

飞碟的威力惊人

第四发射台上的上尉见此情景，立即下令发射导弹。第一枚隼式导弹拖着烈烟腾空而起。极度紧张的指挥人员战战兢兢地观察着这第一个行动的结果。可是，隼式导弹没有击中目标，一道白炽的强光反而准确无误地击中了运载火箭和弹头，转眼之间把导弹熔化了。而那个不明真相的飞行器骤然加速，几分钟之内便从雷达荧光屏中消失了。

此事令基地人员恐慌不安，这个不速之客不邀而至，不辞而别，企图何在呢？难道它仅仅是来侦察一下基地吗？它发射的白光只是为了自卫吗？莫非它是蓄意挑衅？

第四发射台的上尉军官惊恐万状，一颗耗资百万美元的极为复杂的导弹竟在眨眼之间熔化不见了，他百思不得其解。万

幸的是地面人员均安然无恙。次日一早，全营值班官兵举行了秘密会议，基地司令要求大家不要谈论此事。然而，大家关心的不是保密，而是自身的安全。

拓展阅读

1956年，英国剑桥郡和萨福郡的几个镇上空，经常出现飞碟，英国皇家空军飞机多次紧急升空，但飞碟每次都像在做空中游戏一样，把皇家空军的战斗机戏弄一番后扬长而去。

飞碟在骚扰民航机吗

飞碟骚扰客机

1959年2月的一天，美国宾夕法尼亚州和俄亥俄州的6架民航飞机的机组人员，在飞行途中目击了3个不明飞行物，其中一个飞碟两度离开编队，降低高度，向飞机靠拢。

机长基利安看到不明物体向他飞来，他迅速调头返航，就

在此时，只见那飞行物骤然停止下降，悬浮在空中，仿佛它的目的仅仅在于监视或观察飞机似的。过了片刻，不明物体如闪电般地回到了编队之中。过不多久，它又突然向飞机冲来。

基利安知道，要是那个奇怪的物体再向飞机靠拢一点的话，恐怕全体旅客都会惊恐起来。因此，他决定拐弯避开飞碟。说也奇怪，这个不明物体又迅速升高，回到了自己的队伍里。

其他人的证实

基利安向另外两个机长通报情况，后者回话说，他们也看到了这3个不明飞行物。基利安机上一位名叫庞卡斯的乘客，是一位航空专家，当飞机在底特律机场着陆后，他向新闻记者发表谈话说："当时天空晴朗，我看见了那个不明飞行物，它们呈圆形，飞行时有严格的队形，我从未见过这种现象。"

另一架飞机的机长和他的机械师也向报界证实了此事，937班机和321班机的全体乘客也都证明，基利安的目击经过完全属实。他们认为，那3个飞行物是从未见过的。

客机被跟踪

1967年2月2日，一架秘鲁航空公司的DC-4式客机曾被不明飞行物紧紧跟踪了300千米。这架飞机的机长奥斯瓦尔多·桑比蒂详细地讲述了事件：

2月2日18时，我们从皮乌拉起飞，飞往首都利马。半小时后，我们飞行到奇克拉约2000米的上空。

忽然，我们在飞机的右侧发现了一个发光的物体。那个物体放射出强烈的光芒，外形是个倒置过来的锥体。

当时它离飞机有几千米远，它处在与飞机同样的高度，而且航速航向都一样，就像在附近监视我们似的，与飞机并列飞行。

　　但不久，我看到那物体以神奇的速度做着许多奇怪的动作。有几次，它垂直地升入天空，然后又下降到了先前所在的位置。我让机组人员密切注意该物，并把这件事报告给了全体乘客。我对他们说，看来这个东西在监视着我们。

　　它在飞机右侧飞行，时不时地上升或下降。我注意到，它一直发着色彩鲜艳的光芒，上部是淡蓝色光，而下部是红光，当它稍稍升高，蓝光从飞机上方掠过时就变成了红光，而红光则变成了橙光。我发现它底部的形状像漏斗一样。

客机里的惊慌

　　奥斯瓦尔多·桑比蒂接着说："当时，我试图同塔台取得联系，但不知道为什么无线电已经失灵。机舱内的灯光也变得十分微弱，我拨弄着无线电收发机，但还是没有声音，那个不明飞行物跟踪了很久。夜幕降临时，它突然离去。

"我走到客舱时，看到不少乘客都吓得面如土色，有几个女人简直快吓疯了，还有几个号啕大哭起来。当那个不明飞行物消失后，我与利马联系上了。无线电收发机开始正常工作，灯光也恢复了亮度。

"但是，就在我报告这件事时，那个飞行物又飞了回来。这一回，又多了一个不明飞行物，它们一同朝我们飞来。它们的体积和外形都一样。当我向地面塔台报告说有两个不明飞行物出现时，它们都在转瞬之间飞逝而去。以后，我就再也没有看到它们。不明飞行物要干什么？它为什么要跟踪客机？客机上的无线电为何会失灵？"

有关专家听说此事后，专门采访了机长奥斯瓦尔多·桑比

蒂，并认真分析了他说的每一个细节，同时还请飞机机师对飞机进行了全面检查，结果发现飞机一切正常，没有丝毫的损坏。既然如此，会不会是不明飞行物在与客机捉迷藏？研究者认为，它不可能会有这种闲心，因为它来自一个不可知的地方，它不远万里来到地球肯定有自己的目的。那么，不明飞行物真正的目的是什么？它对地球人类是善意还是恶意？这一切都还是一个谜。

拓 展 阅 读

自1981年12月份以来，挪威罗洛斯镇北部的一个叫做赫斯达伦的小山谷一直被一些怪异的光团骚扰着，每星期竟然会有20次之多。据目击者称，这些光团有时是碟形，有时为长方形，有时又变成圆的形状。

飞碟为何在地球上作画

神秘的圆状痕

1987年，在英国的大麦旱田里，出现了一个圆状痕。此同心圆的神秘痕直径为15.38米，两圆距离为2.68米，圆周痕宽为

1.18米。它的内圆圈的旋涡为顺时针方向，外圆圈为反时针，这是个典型的圆状痕。由于这些圆状痕连续在英国出现，英国因而成立了专门研究的组织，这使得英国的神秘圆状痕闻名于世。

在过去的几年中，已有好几百个此类型的圆状、环状、螺旋状及其他形状的作物圆状圈图形，都出现在英国3个地方所连成的三角形区域内，一般人称之为"威尔特（郡）三角"，而此区域也靠近英国巨石文明遗迹，因此有人曾将这联想到百慕大三角。

事实上，圆状痕可能在几百年前就曾出现过，可惜并没有任何记载或留下任何证据。到了1950年至1960年左右才有圆状痕的正式报告出现，但也没有详细记载及照片，只有农人及附近居民的证词。

圆状痕的研究

1966年1月19日，澳洲的昆士兰州北部农村发生了飞碟遭遇事件，事件之后的草地上发现了顺时针方向的圆状痕，顿时引起科学家的注意，这应该是圆状痕最早被研究的案例。

根据英国圆状痕研究团与阿林·安德鲁的研究，这些圆状痕事实上有一定的几何规则，有单圆、同心圆、椭圆、大小二圆组、三圆组、同型二圆组、五圆组、多重同心圆组等，更有趣的还有男女性别符号组。

而无论哪一个国家的小麦、玉米、大麦旱田或是稻田、草地的圆状痕，都有下列特征：

1.农作物依方向倾倒成规则的螺旋或直线状，但作物外观

完好，丝毫没有受损的痕迹，而谷物倾倒方向有10多种形态。

2.附近找不到任何人、动物或机械留下的痕迹或印痕。

3.作物倾倒程度都与地面齐平，有些在最中心处有一两根作物直立，或呈现金字塔形。

4.整体外观非常整齐，没有零乱感。

5.事件都发生在晚上，没有人亲眼目睹圆状痕的形成过程。

6.在事件发生的晚上，附近都曾出现不明亮点或是爆炸声。

7.正中央部位都有异状物质，有些具有微量放射线，有些不太清楚真正成分。

圆状痕生成原因

事实上，圆状痕生成原因可能是：

1.人为的恶作剧。这是大多数人的想法，但这种可能性很小。英国研究团体曾进行过几项实验，结果是留下了满地的痕迹，而且也无法形成如此整洁的圆状痕迹。

2.大自然力。风力的确会使小麦田倾倒成一定痕迹，但要成为圆状则需要在实验室控制风力下才有可能形成，而且几乎不可能形成同心圆及其他有规则的几何图形。

3.病毒引起。某些生物学家认为，这是作物感染某种病毒所引起的倒伏现象，但至今并没有出现过病毒造成作物以规则性几何图形倒伏的例子。

4.飞碟降落痕迹或来自宇宙的讯息。英国研究神秘圆状痕的人员曾经大胆假设，认为这是飞碟降落后所留下的痕迹。

根据他们的研究，推想出3种造成圆状痕迹的飞碟形状。

但是，飞碟着陆后痕迹与世界各地的观点不同。

这种神秘的圆状痕已出现在世界上的许多国家，有些人认为这是某些事情的预告，或是外星人将来临，再或世界末日。

有些人则认为这是无稽之谈，人们对此众说纷纭，没有一个统一的结论。圆状痕到底是如何形成的呢？至今仍是个解不开的谜。

拓 展 阅 读

2007年7月2日，英格兰威尔特郡惊现一个直径约为61米的三维立体麦田怪圈。它距一个拥有5000多年历史的新石器时代墓葬坑遗址只有几十米之遥。该怪圈图案所绘的是：在一块西洋跳棋棋盘状的地板上，一个个长方形门框层层嵌套组成一条漫长的长廊，一直延伸至象征远方的中心处。

飞碟为什么袭击城市

飞碟降临莫斯科

1981年11月16日20时左右，在苏联莫斯科市区东部的依兹玛伊公园里，无线电工程师蔡伊特斯基和好多过路人看见一架发光的圆形飞碟从公园的树丛后面突然升起，飞行在夜空之中。

　　蔡伊特斯基等人听见树丛后面有妇女在狂喊："魔鬼降临了！"

　　妇人指着雪地上一个完整的圆圈形状，显然是热力溶化的痕迹，她说："有一个飞碟降落在这里，飞碟门一开，走下来一个怪物。它的头好似一个翻转过来的漏斗，两眼又圆又大，毫无表情，它的手只有4个指头。它的身体有四肢，身材宽大，好像是男子汉。身上没穿衣服或者只穿着贴身的紧身衣。"

　　怪人听见妇人的呼叫，立即返回飞碟内，马上腾空而去。

莫斯科再现飞碟

　　飞碟登陆莫斯科并非第一次。1981年4月初的一天夜里，天还没有亮，大约4时，住在一幢政府公寓的几个高级工程师、苏联国防部的官员和一位医生，早早起来准备上班，他们在各自的房间和浴室里都看见了天空列队飞行的4个发光的飞碟。

莫斯科大学物理教授齐高率领20位科学家调查了这一报告。他说上述目击证人都有身份地位，也特别可靠，并非捏造。

　　证人述说，4个飞碟都有透明的塔形驾驶舱，可以看见里面驾驶员的肩部以上，4个驾驶员都是人类形状，头戴透明的太空盔，面无表情。飞碟低飞时就在屋顶，悄无声息。每个飞碟都向地面射出一道绿光。

莫斯科遭到飞碟袭击

　　1981年8月23日晚上，莫斯科的退休医生博加特列夫因睡不着觉而起来到厨房喝牛奶，突然看见窗外出现了一个奇怪形状的像面团一样的发光飞碟浮悬在距他寓所仅约30米的前方。

医生吓了一跳，定睛一看，心中更为惊恐，那飞碟好像有眼睛似的，紧紧盯着他。突然，飞碟向他射了一道闪电般的光芒，将窗户烧了一个直径约0.08米的小孔。玻璃圆片掉在地上，洞口十分光滑。

那天夜里，莫斯科有60多家的窗户都被神奇的光芒射熔了3个约0.08米的圆孔，但博加特列夫是唯一的有幸目击者。

专家们的困惑

玻璃被烧熔的情况，与1977年9月在彼得堡市发生的极为相似。苏联的专家们研究不出到底是什么力量能使窗户玻璃的分子结构完全改变。

苏联物理学家艾沙沙博士说："专家们都无法解释，这是

一起不解的飞碟神秘事件。玻璃公司的专家们也无法复制跟飞碟射熔的玻璃片相同的物品。"

　　许多飞碟光临莫斯科，引起了政府的担心和科学家的重视，但没有人能知道这些飞碟是什么，来自何方，应该采取什么办法来对付，这些令人费解的谜不知何时才能解开。

拓展阅读

　　2009年1月8日，一个不明飞行物袭击了英国林肯郡的一个小村庄，一个风能发电机的扇叶被飞行物击出了20米远。英国《太阳报》报道："一道奇怪的闪电，神秘的发光体，数十个目击者，一个被击飞了的扇叶，外星人袭击了农场。"

飞碟为什么袭击人类

牧场主的突然死亡

事件发生在纽芬兰奥克兰市郊外。

1968年2月2日早上，39岁的牧场主人艾摩斯·米勒与17岁的儿子比尔正在修建篱笆。

突然传来一声巨响，两人往发出声音的方向一看，有个碟

形的物体浮在200米外的森林上空。

　　机体上方有圆锥形的突出部，周围有着成排的窗口，整体上很光亮。一会儿之后，不明飞行物慢慢放下3根着陆脚，缓缓下降，着陆于小河对岸。

　　艾摩斯在好奇心驱使下，单独走向不明飞行物，当他走到小河边时，不明飞行物向他发射光线，艾摩斯后仰倒地，不明飞行物发出"嗡"声上升，高速飞离现场。比尔跑过去一看，他的父亲已经死了，头部前面的头发与头皮却不见了。

医师解剖艾摩斯的尸体时发现，除了头皮以外，全身没有任何外伤，但却找不出丧失头皮的原因，最后的结论是死因不明。更奇怪的是，尸体骨骼所含的磷全被抽掉了。

叶迪·维普的遭遇

另外一个事件的受害人是山姆·丹克斯雷运输公司的司机叶迪·维普，当时45岁。

1973年10月3日18时20分左右，维普开着大拖车奔驰于密苏里州杰克森附近的55号公路，他突然发现车外有一个奇怪的

飞行物体正在做低空飞行，那个飞行物体好像是铝制的，显然是人造的飞行物体。

怪物体相当庞大，几乎覆盖了公路的上下两车道，直径大约有10米，飞行高度约15米。

就在维普想看清后面的怪物时，那怪物体突然发出闪光，一颗火球飞过来，命中了他的头部。他感觉头部热得好像要裂开，同时眼睛也看不见了。眼镜的其中一个镜片好像被高温熔解一般呈现扭曲。

所幸维普的失明状态只是暂时性的，他的视力逐渐恢复，但是一米外的东西却看不见。他的额头红肿，经常向医师与妻子表示额头与眼睛内侧有刺痛。

在事件发生几天内，不知到底是眼睛痛呢，还是想起了可怕的经历，维普非常害怕会发光的东西。

伊纳西欧遭到袭击

事件发生在1967年8月13日16时，当天下午，伊纳西欧比较空闲，便开车载着妻子玛莉亚与5个孩子到附近的森林野餐。

傍晚回到居住地附近时，他们发觉一个巨大的物体停在他家的私人飞机场的跑道上，该物体的直径超过30米，形状就像颠倒过来的洗面台。

更令人吃惊的是，有3个形状像人的生物在走动，它们好像没有头发，也没有发出任何声音，身高大约有10岁孩子那么高。

突然怪物体发出一道绿光，射中伊纳西欧的胸部，他当场倒下了。幸运的是，伊纳西欧并没有死，他开始感到身体不适，最先是想呕吐，全身酸痛，后来全身各处麻痹，双手严重发抖。后来，经医生诊断是受到某种辐射线伤害，便试着进行血液检查，果然证实伊纳西欧患白血病。白血病是遭到大量辐射线照射引起的疾病，属于一种血癌。

事件发生的58天后，即1967年10月11日，伊纳西欧在牵挂妻儿的惦念中断气。

在戈亚纳为伊纳西欧做过诊疗的内科医生也赶来农场，检视他的遗体，在死亡诊断书的死因栏填入白血病，并告诉在场的农场主人："这个事件的真相最好别对外公布，否则社会可能陷于恐慌状态。"

一家人被吸走

1974年11月20日晚上，巴西圣保罗郊外就曾发生过一件非常可怕的事件，一家3口在警官面前被UFO吸走。

23时，一辆载着3名警官的圣保罗巡逻警车接到"有一部轿车在公路上燃烧"的通知。

警官赶到现场，走下巡逻车，附近的草丛中有一对夫妇带着一名男孩走出来，向他们求救。

就在这个时候，有个直径大约10米的碟形黑色物体突然出现在他们的头顶上。

3名警官吓得呆立在原地上，飞碟底部放出一道苍白的光筒，笼罩着那对夫妇和孩子。

3个人的身体便顺着

光筒被吸向飞碟后随着飞碟飞走了。

经过事后的调查，被飞碟即UFO劫走的被害人是在圣保罗经营餐厅的达贝拉先生及家人，当晚他们开车到亲戚家玩，在回家途中被飞碟劫走。

还有另一位目击者说，出事前他看见达拉的车子在公路上全速奔驰，后面有一个飞碟在追赶。飞碟为什么袭击地球人？这个问题到如今都还没有答案。

意外遭到绑架和体检

大多数的目击者认为，外星人对地球上的人类是极为友好的，但也有极个别的事实说明，外星人也会攻击人类。

飞碟乘员探访地球最轰动的一次是在1961年。美国两位40多岁的夫妇正从加拿大度假返乡，在新罕布什尔州的公路上，竟意外地遭到飞碟乘员的绑架和体检。

这段不寻常的经历，日后被一个叫约翰·富勒的人写成小说，曾轰动一时。人类对这类神奇事件充满了好奇之心，在1969年达到高潮。

美国人偶遇外星人

1978年1月3日，一个美国人驾驶着小汽车在17号公路上行驶。突然，汽车发生故障停了下来。当时，四周无人，他不知如何是好。

这时，他左边的地上冒出一个炽热的物体，只见3个人渐渐地逼近过来。

起初，美国人还以为这3个人想搭他的车。可是，他发现眼前的人样子很怪：他们穿着紧身的、闪闪发光的航天服，眼睛很大，狭长的嘴巴发出音乐似的低音。

他想跑，却无法动弹，只见这3个人一步一步地逼近过来。据这个人说：等我恢复知觉之时，已置身于车子之中。前车灯在闪光，引擎"轰轰"作响。

一切都好像一场梦幻，可是时间已经过了两个小时。他回家之后，夜晚噩梦连连。医生的安眠药也无法驱除病魔。他们只好去请教心理学医生以弄清楚到底发生了什么事情。

经过一次催眠之后，医生发现，在这丢失的两小时中，他被绑架到飞碟舱内，被大眼睛的生物检查和研究了身体。

三位妇人被检查

1966年1月6日深夜，是3位肯塔基州妇人终生难忘的日子。她们吃完晚餐之后，尽兴而归，但在公路上被飞碟乘员绑架，并接受了近一个小时的身体检查。

经过飞碟调查人员严密的调查，这3位妇人都是道德高尚的公民，其中年岁较大的两位已是祖母，另外一位妇人已有一个17岁的孩子。

这3位妇人都无法清楚地回忆当时的细节，后经利奥·斯普林克博士使用催眠术诊断，才获悉全部真相。

其中一位妇人在催眠状态下说，她曾平躺在一间狭长似孵卵器的室内，一件粗钝的物品压在她胸上，使她感到疼痛，并感到有东西在自己喉头转动，不能说话。

　　另一位妇人在催眠术下说，她置身在一间暗房内，炽热无比，脸上罩着一个物体。

　　她要求不要有东西挡着双眼，可是一旦挪开障碍物，眼前怪诞的景象又迫使她紧闭双目。但是，她无法形容外星人的模样。

　　最后一位妇人在催眠状态下的记忆是这样的：她平躺在一

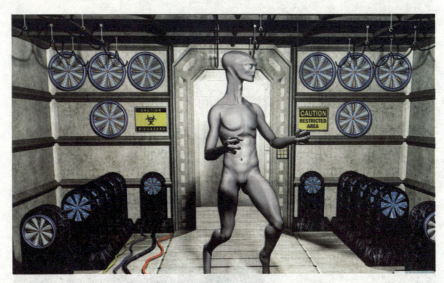

间类似手术室的房间里，右臂被三四个不明生物体束缚着，床的一旁坐着一个身着手术服的生物。有关专家认为，3位妇人确实被外星人检查过身体，并在身体上留下了痕迹。

拓 展 阅 读

辐射有实意和虚意两种理解。实意可以指热、光、声、电磁波等物质向四周传播的一种状态。虚意可以指从中心向各个方向沿直线延伸的特性。辐射本身是中性词，但是某些物质的辐射可能会带来危害。飞碟本身会发出大量的辐射线，因而，我们要慎重对待飞碟。

飞碟为什么留下痕迹

看见银色的物体

1954年9月22日，美国密苏里州马什菲尔德·威廉斯和欧内斯特·阿森在搜索营大道停住了他们的卡车，观看远处"银色物体的编队飞行"。

后来，他们注意到一个大约在60米远、180米高处的物体，它的形象像一个不平的飞镖，一头比另一头长些。它有1.8米或2.1米长，很薄，寂静无声，呈暗褐色。

在靠近慢慢旋转着的机翼的末端有两条黑色的条纹，在阳光

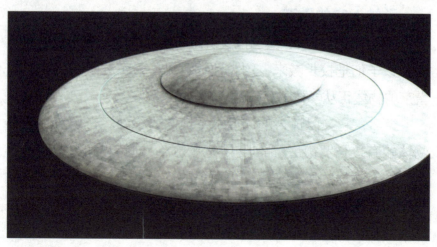

的照射下看起来颜色比较浅。它缓慢地上升，又迅速地向下跌落，喷出一种烟雾或是蒸气。然后，它垂直地落到一片树林里。

马什菲尔德·威廉斯和欧内斯特·阿森走进树林去寻找这个物体，他们说："几分钟后，我们在地上发现了两块完全成了粉末状的东西，但却没有发现有任何动物的足迹。"

学校上空的雪茄

1954年10月27日，美国俄亥俄州马里斯维尔，在学校的操场上，孩子们把校长喊来，因为他们看见了一个耀眼夺目、形如雪茄的物体正从学校上空飞过。

突然，它又以惊人的速度水平地向西移动。在场看到这个物体的有校长罗德尼·瓦利克、老师乔治·迪特玛和大约60名学生。这个物体的尾部拖着一条白色的、像网一样的东西，它像棉花一样飘落下来，将树林、灌木和电线都盖上了。这个东西非常坚韧，当人们用力地拉它两头时，很难把它拉断。人们刚刚拉住绳子一端时，它就卷成一个球，然后便粉碎了。

扣起来的盘子

1957年11月6日，美国俄亥俄州蒙特维尔，28岁的奥尔丹·摩尔正驱车在回家的路上。突然，他看见了一个物体，像一个发光的流星一样被分成两半，一半垂直升空，另一半则变换着颜色，当它从白色变到蓝色时，就显得更大了。它带着一种柔和的"呼呼"声落在离他150米远的地方。在对它进行了15分钟的观察后，摩尔走了过去。摩尔发现，这个物体的形状像

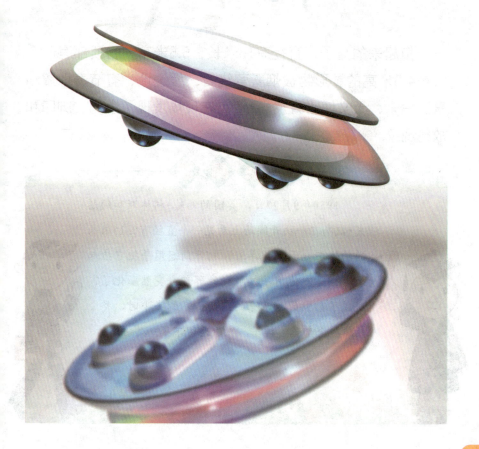

一个扣起来的盘子，直径有16米长，5.5米高。它顶部有一个大约4.5米高的锥形物被烟雾萦绕着，缓缓地、有节奏地震动着。后来，天文博士肯尼思·洛克在现场发现了小洞、脚印和放射现象。

拓 展 阅 读

　　1950年9月27日，美国的约翰·柯林斯和约瑟夫·凯南在一块开阔地上看见一个直径有0.15米长的物体在地面上飘浮着。柯林斯想用手把它捡起来。但是，他用手接触到的那部分突然融化了，变成了黏黏的、无味的东西。不到半小时，整个物体就全部蒸发掉了，在原地留下了一片污渍。

飞碟的基地在哪里

当过航空兵的人看到不明飞行物

曾当过航空兵的于新民，在天津市上空看到了一个不明飞行物。那是1995年4月3日19时17分，于新民正在河北区民权门开江道与乌江路交叉口附近买东西，忽见一个光亮飞行物由东向西在空中匀速掠过。

飞行物是一个呈长扁橄榄形状的绿色发光体，在空中肉眼看约0.3米长，尾部光束0.15米宽，呈橙红色，极像霓虹灯。

飞行物速度比飞机要快得多，无声，看上去飞行高度不到1000米。

一个常摆摊的小贩也同时看到了它，因时间短，不知其他行人见到没有。

当过航空兵的人断定

于新民对飞机夜航很熟悉，他立即断定这肯定不是飞机。这种既无红绿色标志灯，又无声音，整个物体均在发光，呈扁橄榄形，尾部有橙红色光束，其速度比飞机明显要快的物体，很可能是一种不明飞行物。

飞碟的基地在哪里

这些造访地球的飞行器忽隐忽现，它们一定不是从空气中变来的，而是应该有自己的起落基地，或者有一颗母星。那么，它们的基地在哪儿？飞碟的母星又在哪里？各种说法五花八门，但归纳起来可分为两大类：一类是宇宙基地说；

另一类是地球基地说。

宇宙基地说

不少UFO研究者认为，飞碟来自太空，即来自银河系或其他星系，它们由一艘或多艘庞大的飞碟母舰运到太阳附近，在那里建成基地或寻找某个星球建立基地，然后放出子碟，列队或单独进入地球空间。这些飞碟有时无乘员驾驶，受母舰遥控；有时由生命体或机器人控制。这样的UFO可能在太阳系的金星或其他行星上建立过中继站，也可能在月球上中途歇脚。目前，更多的证据证明，月球是UFO基地。

地球基地说

在美、英、法、德、日本等国的UFO研究者中，有不少人认为，飞碟不是从太空而来，它们的基地就在地球上。持这种观点的人大约又分为三类：

　　飞碟的海底基地。加拿大的让·帕拉尚等人首先提出这种假设。经过调查研究认为，几万年前，大西洋上原先有个高度文明的大西国，后来因发生战争和水灾，大西国沉沦洋底，大西国人也就是玛雅人随之转入海底生活，在那里建立永久的基地，但有时也乘飞碟从海洋出来，遨游太空。

　　飞碟的南极基地。在UFO研究者中，UFO专家安东尼奥·里维拉曾怀疑飞碟会不会是德国纳粹的秘密武器。安东尼奥·里维拉经过调查得知，第二次世界大战末，德国人设计出了几个飞碟，其中几个很可能被纳粹用潜艇运到南美和南极了。

　　另一个现象也似乎足以证明这个假设，在辽阔的南美洲，

特别是阿根廷、巴西频频出现飞碟，大部分的飞碟都来自南极。因此，一些人便推断，南极存在着飞碟基地。

飞碟的地心基地。以德国UFO专家威廉·哈德森为代表的为数不多的人提出，飞碟是地球上一种高等智慧生物的飞行器，这种智能生物长期居住在地球深处，在那里发展了一个地下文明，还发展了乘特殊飞行器才能外出进入的空间。

他们的出口往往建在深山峡谷之中，或荒无人烟的大沙漠深处。也有人说，地层的裂缝是它们的天然出口，因此，裂缝处往往是飞碟现象的高发地区。

另外，我国UFO界也有人提出了戈壁中可能有飞碟基地的

推测。无数案例表明，飞碟是客观存在的。飞碟可能是外星人或宇宙人的乘具，外星人到地球来可能是路过也可能是旅游，还可能是执行任务……基地大概是他们的临时住所。

　　总的来说，搞清飞碟在地球上或宇宙中的基地，对我们尽早揭开飞碟之谜是有很大帮助的。

拓 展 阅 读

有人曾怀疑百慕大是飞碟基地。在百慕大三角地区曾有一连串的飞机、航船失踪。1994年夏，一架由菲律宾起飞的客机飞往意大利，中途经过非洲东部上空时，突然失踪了20分钟，到达意大利机场时晚点20分钟，可是机上乘客和机组人员一无所知。

飞碟的飞行速度

天空中的亮点

1996年9月18日23时，我国目击者蒙红际一个人在本单位楼顶边乘凉边听收音机，忽然看到天空中有一不明物体从东北向西南方快速移动。说是物体，其实能见到的只是两点橘黄的光亮，该光点并不像飞机的夜航灯分在左右两翼，而是一先一后，蒙红际凭直觉认定那是一个物体，当时她只是感觉奇怪，并没往心里去。

不断变化的星群

又过了几分钟，从同一方向，目击者看到了更加诡秘奇异的东西。这次飞来的

是一群星星，形容它们为星星，只因为用肉眼看来，个体的形状和星星并没有什么明显的差别。

接下来，它们形成一个约呈"V"形的群体，然后快速飞行，就好像某一星座忽然自己会快速流动一样。

那星星好像在巡视着目击者所居住的这块土地，其间又多次呈"V"字，有时呈"G"字等不规则形状，并不断打乱自己的编队在天空中巡航，只是光点太暗，如果不是有心仔细观察，很难用肉眼看到。

飞碟的速度是多少

目击者蒙红际发现飞碟的速度非常快，事实上，这并不是她一个人的发现，因为几乎所有的人都发现了这一事实。

因为人类的任何飞行器都不能与飞碟的速度相提并论，飞碟不仅能做到"静若处子，动如脱兔"，而且还能在空中随意停下来。

据国际航空协会公布：飞机的最高时速为2523千米，洲际导弹的最高时速为25200千米，脱离了地球引力的人造飞行

物，时速则可超过30000千米，飞碟的速度是多少呢？

苏联飞碟权威齐盖尔教授说，根据雷达记录，飞碟的时速为0千米至72000千米，所谓"0千米"，就是悬停。

悬停是它的一大绝技，这类例子举不胜举。它能静静地停在任何高度，无声无息，而且没有任何尾迹，这是人类的任何飞行物都不能办到的。

直升机能悬停，却左右摇摆，而且依靠巨大的螺旋桨；飞碟能静静地停在那里，宛如天空中固定生长的物体，冷漠而又严峻。

飞碟与导弹比速度

1960年，在美国的一个导弹发射试验场，上演了一部比速度的活戏剧。当时，德国制造的V-2型导弹刚刚升空，一个飞碟不知从何处冒了出来，它以1600千米的时速追上导弹，然后又加快速度，将导弹远远抛在身后，在场的地勤人员测得它的时速高达每小时9000千米。

早在1949年，该试验场导弹试验室主任罗伯特·麦克劳克林就从雷达上目击过不明飞行物，它没有任何声响和尾迹。

罗伯特用经纬仪测出来时速和高度，时速竟达43200

千米，高度为90000米，但是，当时人类所能达到的终极高度为27000米。

　　苏联著名的天文学家波斯希日博士指出：飞碟只需要几天时间就能飞完地球到土卫六之间的12.8亿千米的路程。

飞碟具有的绝技

　　更令人惊奇的是，飞碟还具有卓越的加速能力和它们直角拐弯的绝技。

　　1963年，在撒哈拉沙漠，一队法国技术人员在沙漠中进行火箭弹头回收训练，空中突然出现了一个亮点，那是一个巨大的飞碟，5分钟后，它飞走了。

但据地面人员测定，它在3秒钟内速度从零加到了每小时6000千米，简直令人不可思议。

1952年7月，美国华盛顿空军指挥中心的雷达屏幕上突然显示有7个亮点，它们飞行的方向正是美国的心脏，即白宫和国会大厦。

人们惊恐万状，地面指挥中心立即命令歼击机起飞拦截，但令人无可奈何的是，那7个亮点轻易地就将歼击机甩在身后，它们在短短的几秒钟内，时速从200千米一下增至800千米。最后，一个漂亮的直角拐弯，以1200千米的时速飞走了。

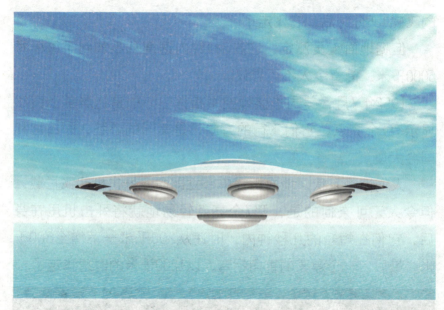

　　齐盖尔教授说，直角拐弯将产生过载现象，这是目前地球上的任何材料都无法承载的。

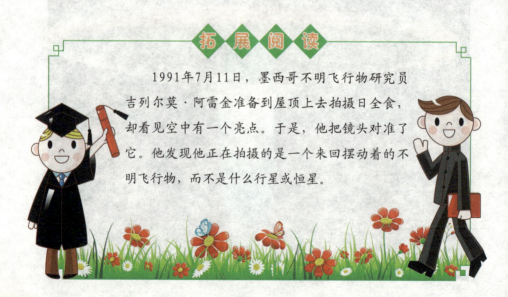

拓 展 阅 读

　　1991年7月11日，墨西哥不明飞行物研究员吉列尔莫·阿雷金准备到屋顶上去拍摄日全食，却看见空中有一个亮点。于是，他把镜头对准了它。他发现他正在拍摄的是一个来回摆动着的不明飞行物，而不是什么行星或恒星。

美法对飞碟的调查

法国的调查数据

虽然各国政府对飞碟仍持有否定态度，表面上什么都不关心，但事实上，法国国防部以1954年集中发生的事件为开端，进行了秘密的调查。

1970年以来，其国家宇宙研究中心相继调查，该中心的科学计划部主任、天文学家克罗德·波埃尔使用计算机对国防部收集的3.5万件目击报告与气球、飞机、人造卫星、流星和星星等进行了严密的对比，然后分析与已知现象不同的约1000件

的事例，得出以下有趣的资料：

（1）飞碟的基本形态有：圆盘形、球形和卷叶形；（2）一般夜间发橘红色光，白昼发出磨光金属呈现的颜色；（3）轨道无视物理学力学法则；（4）目击报告数差不多是实际发生数的一成；（5）目击事件3成出现在白天，7成在夜晚，与人类户外活动时间成反比；（6）目击事件中的飞碟约有一成是着陆目击，其中差不多一半有搭乘者出现；（7）目击事件与大气透明度成正比；（8）目击者没有职业、学历、年龄之分；（9）目击事件和磁场异常有直接的关系；（10）飞碟出现的现象是物理现象，而不是心理现象。

波埃尔的这一调查不存在自体意识，使飞碟研究得到了巨大的进步。

法国的调查小组

在美国，如果发生飞碟目击事件，当地警察往往把它当作是谎言或居民的误认而置之不理。即使做一些研究，也几乎会把它交给民间的飞碟团体去研究。这此民间团体是由不计较报酬的志愿人员组成的，他们的活动经费很少。但在法国，情况就完全不同，调查和研究未被确认的空中现象是政府的工作。

1977年，在法国国家太空研究中心属下成立了"未确认的大气太空现象研究小组"，专门从事飞碟的调查和与此相关的工作。该小组的现任代表杨·杰克·贝拉斯科是这样解释的："法国公民越来越对飞碟感兴趣，他们想了解事情的真相，因此希望有个政府的调查机构。另一方面，苦于应付不可解现象的军界也希望有一个专门的政府调查机构。"

这个小组从一开始工作就和警察建立了密切的合作关系。他们调查了11年来发生的1600起飞碟目击事件，最后确认只有超过半数的事件可以解释为自然现象或者是误认，但其余的38%都不能作出科学的解释。

有那么多飞碟事件不可解，让国家太空研究中心感到难以置信。他们认真地研究了研究小组的研究成果，为了与国外的

飞碟研究者交流关于飞碟事件的信息，他们还在巴黎和图卢兹召开了飞碟研究会，飞碟的物证问题是主题之一。现在的物证，一般是在地面上留下的凹坑或树林被砸留下的痕迹，等等。美国代表、世界飞碟学权威阿廉·哈内克博士介绍了他们收到的关于目击人员的眼睛和皮肤受到辐射损害的报告，引起了各国代表的关注。虽然法国"未确认的大气太空现象研究小组"成立已经多年了，但还没有其他国家仿效法国设立政府的飞碟研究机构。这是为什么呢？贝拉斯科认为："飞碟对于一般国家来说，不会构成军事和安全保障上的威胁，因此不被置于政府的工作范围之内。"

美国的调查工作

为了弄清自称曾被飞碟诱拐过的人精神状态是否良好，最近美国3名专家对自称被飞碟诱拐过的人展开了心理学调查。

调查费用由设在马里兰州的飞碟研究基金会支付。

进行这项调查工作的是家住纽约的飞碟研究家特德·布罗查、巴德·霍普金斯和阿弗罗迪特·克拉马，其中克拉马还是一位临床心理学家。几年来他们专门搜集关于飞碟诱拐事件的资料，他们选出9名自称有过被飞碟诱拐经历的人作为调查对象。这9位调查对象都是在社会上守信用、有稳定生活的市民，他们的职业不同，有网球教练、大学教授、音响技师等。

克拉马等3人是这样想的：如果在这9个人中有哪一个或全体都是精神有缺陷的人，那么用标准的心理实验是可以查找出来其原因的。他们把这9位受验者送到临床心理学家利萨·斯莱特那里，由其站在公正的立场上对受验者进行精神鉴定，因此不会告诉斯莱特这9个人曾与飞碟接触过，而且这9个人自己也会守住这个秘密。在一系列的实验后，斯莱特报告了结果。

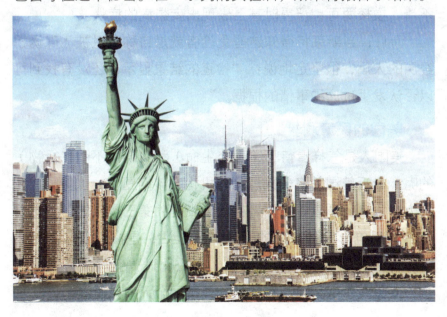

根据斯莱特所说：这9个人没有相同的病态特征，只有一点值得注意：经过心理学实验可以确认，全体实验者过去都曾受过某种创伤，即受到过会造成精神后遗症那样强烈的冲击。这些人一被问到有关个人的问题，他们的语言和态度立即变得含糊不清、模棱两可，严重时甚至表现出妄想病的症状。

而且，当斯莱特得知这些受验者就是自称有过被飞碟诱拐经历的人后，很坚定地说："检查的结果显示，还没有找到可以否认发生过这种事情的根据。"

美国的民意测验

美国人是怎样看待ET（地外生命）和飞碟（不明飞行物）的呢？最近美国盖洛普民意测验机构在该问题上，以美国成年人为对象进行调查。结论是：认为发生"第三类接触"（这是著名科幻电影《和未知的遭遇》的原话，是指不仅看到了飞碟，而且接触了飞碟的搭乘员）的人比过去有了大幅度的增加，而否定飞碟和ET存在的人，在每三个人中只有一个。

　　1966年盖洛普民意测验机构首次提出"您认为在宇宙的其他行星上也存在着与地球人相似的智慧生命吗"这个问题时，34%的人回答"是"，46%的人回答"不是"，剩下的20%的人则回答说不知道。但之后的20多年里，相信宇宙中存在其他智慧生命的人数越来越多，到1989年已达50%。

　　为什么会出现此类情况呢？异常现象科学调查中心的马尔西罗·托尔兹说："这和近年来热门的科幻电影有一定的关系。投入了巨额制作费，又频受观众喜爱的科幻电影显然对公众的心理产生了很大的影响。"马尔西罗·托尔兹同时指出，"随着美国社会脱离宗教化的发展，美国人不再把《圣经》中的人类是这个世界唯一的智慧生命的说教当作绝对的经典。另一方面，科学家对外界生命的探索表现出更大的关心。这些也是造成上述情况的原因。"在此次调查中，表示曾亲眼见过飞碟的人占9%，和1973年和1978年的人数差不多，比1966年的

5%要多。

　　相信存在飞碟和ET的人，在未满50岁、大学毕业中占很大的比例。相信存在飞碟的男女比例差不多。但在相信ET的人中男性占60%，女性占40%。而住在西部的美国人对于飞碟和ET有更多的肯定倾向。由此可知，飞碟现象在美国乃至世界各国都令公众所关注。

拓 展 阅 读

考古学家在古埃及象形文字中，以及在世界各地的古代岩画中，都发现类似UFO的物体形状。它们的外型和我们目前描绘的UFO非常相像。这就说明，如果确有UFO存在，它们光顾地球的历史早于人类的文明史。